Proceedings

Ein stetig steigender Fundus an Informationen ist heute notwendig, um die immer komplexer werdende Technik heutiger Kraftfahrzeuge zu verstehen. Funktionen, Arbeitsweise, Komponenten und Systeme entwickeln sich rasant. In immer schnelleren Zyklen verbreitet sich aktuelles Wissen gerade in Konferenzen, Tagungen und Symposien in die Fachwelt. Den raschen Zugriff auf diese Informationen bietet diese Reihe Proceedings, die sich zur Aufgabe gestellt hat, das zum Verständnis topaktueller Technik rund um das Automobil erforderliche spezielle Wissen in der Systematik aus Konferenzen und Tagungen zusammen zu stellen und als Buch in Springer.com wie auch elektronisch in SpringerLink und Springer für Professionals bereit zu stellen.
Die Reihe wendet sich an Fahrzeug- und Motoreningenieure sowie Studierende, die aktuelles Fachwissen im Zusammenhang mit Fragestellungen ihres Arbeitsfeldes suchen. Professoren und Dozenten an Universitäten und Hochschulen mit Schwerpunkt Kraftfahrzeug- und Motorentechnik finden hier die Zusammenstellung von Veranstaltungen, die sie selber nicht besuchen konnten. Gutachtern, Forschern und Entwicklungsingenieuren in der Automobil- und Zulieferindustrie sowie Dienstleistern können die Proceedings wertvolle Antworten auf topaktuelle Fragen geben.

Weitere Bände in der Reihe
http://www.springer.com/series/13360

Ralph Mayer
(Hrsg.)

XXXVII. Internationales µ-Symposium 2018 Bremsen-Fachtagung

XXXVII. International µ-Symposium 2018
Brake Conference

October 26th 2018, Bad Neuenahr/Germany
Held by TMD Friction EsCo GmbH, Leverkusen

Springer Vieweg

Hrsg.
Ralph Mayer
Ingolstadt, Deutschland

ISSN 2198-7432 ISSN 2198-7440 (electronic)
Proceedings
ISBN 978-3-662-58023-3 ISBN 978-3-662-58024-0 (eBook)
https://doi.org/10.1007/978-3-662-58024-0

Die Deutsche Nationalbibliothek verzeichnet diese Publikation in der Deutschen Nationalbibliografie; detaillierte bibliografische Daten sind im Internet über http://dnb.d-nb.de abrufbar.

Springer Vieweg

Verantwortlich im Verlag: Markus Braun

Springer Vieweg ist ein Imprint der eingetragenen Gesellschaft Springer-Verlag GmbH, DE und ist ein Teil von Springer Nature
Die Anschrift der Gesellschaft ist: Heidelberger Platz 3, 14197 Berlin, Germany

VORWORT

Sehr geehrte Mitglieder des μ-Clubs und Gäste des μ-Symposiums,
liebe Leser unseres Tagungsbands,

die TMD Friction Gruppe unter neuer Leitung von Herrn Tetsuya Kumakawa (CEO) ermöglicht es uns auch in diesem Jahr wieder, das XXXVII. Internationale μ-Symposium am 26.10.2018 in Bad Neuenahr durchführen zu können.

Die Publikation der Beiträge im Tagungsband, der erstmals beim Verlag Springer Vieweg erscheint, wird im Nachgang der Fachwelt auch online zur Verfügung stehen.

Mit einem leicht veränderten Tagungskonzept soll auch den strengeren Anforderungen der Industrieunternehmen Rechnung getragen werden und die Teilnahme in bewährter Vielfalt ermöglicht werden. Nicht verändert wurden die Anzahl der Beiträge und der jeweils zeitliche Rahmen hierfür. So werden bei der diesjährigen Konferenz sowohl die konventionellen Themen eines Bremsensystems wie Bremsleitung (TU Chemnitz) und Eigenfrequenzen von Bremsscheiben (Fritz Winter Eisengießerei) behandelt, als auch die Aspekte zukünftiger Anforderungen bei automatisierten Realfahrversuchen (TU Dresden) und die Entwicklung eines Straßenzustandsbeobachters (Continental) berücksichtigt. Den Herausforderungen bezüglich Umweltverträglichkeit widmen sich zwei Referenten. Dazu gehören die Entstehung und Messmethodik von Bremsabrieb (Institut für Energie- und Umwelttechnik) und der Leichtbau mittels additiver Fertigung (Fraunhofer Gesellschaft).

Auch wenn der Automobilsektor derzeit dominiert wird von Fragen zur Antriebstechnik und automatisierten Fahrfunktionen, so zeigen sich Bedarf und Potenzial auch im Bereich Fahrwerk und insbesondere bei der Bremsentechnik. Dem Anspruch als führendes Podium hierzu mit ausführlichen Präsentationen und intensiver fachlicher Diskussion möchten wir wiederum gerecht werden und wünschen allen Teilnehmern des diesjährigen μ-Symposiums eine interessante Konferenz und einen nutzbringenden kollegialen Austausch.

Univ.-Prof. Dr.-Ing. Ralph Mayer
Präsident μ-Club

Tetsuya Kumakawa
CEO TMD Friction Group SA

PREFACE

Dear members and guests of the μ-Club,
dear reader of our conference programme,

TMD Friction Group, now headed by Mr Tetsuya Kumakawa (CEO), has once again made it possible to host this year's 37th International μ-Symposium on 26.10.2018 in Bad Neuenahr.

The publication of contributions in the conference programme, released for the first time by Verlag Springer Vieweg, will be subsequently made available online for experts everywhere.

A slightly modified conference set-up should meet even the exacting standards of businesses from the industry sector and ensure, as usual, that a real variety of guests are in attendance. The number of contributions and the time allotted for each one has not been changed. This year's conference will provide an opportunity both to discuss conventional brake-system topics such as brake lines (TU Chemnitz) and natural frequencies of brake pads (Fritz Winter Eisengießerei) and to consider aspects of future requirements for automated live test-drives (TU Dresden) and the development of a road condition monitoring device (Continental). Two of the speakers will focus on the challenges of environmental sustainability. This encompasses the causes and measuring processes of brake friction (Institut für Energie und Umwelttechnik) and lightweight construction using additive manufacturing (Fraunhofer Gesellschaft).

Although the automotive sector is currently dominated by issues surrounding drive technology and automated driving functions, there is also a clear need and a great deal of potential in the chassis sector, in particular in brake technology. We would like to continue to offer a pioneering platform for these developments through extensive presentations and in-depth specialist discussions, and hope that this year's μ-Symposium provides an interesting and informative opportunity for all those who attend, offering the possibility for a fruitful exchange with fellow industry members.

Prof. Dr.-Ing. Ralph Mayer President of μ-Club	Tetsuya Kumakawa CEO of TMD Friction Group SA

INHALTSVERZEICHNIS

CONTENT

Automatisierte Realfahrversuche zur Bewertung aktiver Sicherheitssysteme

Dipl.-Ing. T. Rinnert, Prof. Dr.-Ing. G. Prokop

1 Einleitung und Motivation

Seit Mitte des vergangenen Jahrhunderts stieg die Zahl der im Straßenverkehr getöteten und verletzten Personen sowohl in Deutschland als auch global stetig an [1]. Die Ursachen hierfür lagen bspw. in einer kontinuierlich steigenden Zahl an Verkehrsteilnehmern durch die zunehmende Verbreitung des Automobils und an einem Mangel an Sicherheitssystemen in den Fahrzeugen der damaligen Zeit.

Um diesem Trend entgegenwirken zu können wurden ab den 70er Jahren erste Fahrzeuge während ihrer Entwicklung auch hinsichtlich sicherheitserhöhender Maßnahmen und Funktionen ausgelegt und unter anderem mit Kopfstützen und Sicherheitsgurten ausgerüstet. Zu diesen ersten Maßnahmen kamen sukzessive weitere hinzu, wie z.B. der Airbag, das Anti-Blockier-System (ABS) oder später die Erweiterung in Form des Elektronischen-Stabilitäts-Programms (ESP).

Neben den genannten Systemen, welche die Insassen eines Fahrzeugs schützen sollen, müssen zudem die lange Zeit unbeachteten sogenannten schwachen Verkehrsteilnehmer[1], also Fußgänger und Radfahrer, in die gesamtheitliche Bewertung der Verkehrssicherheit mit einbezogen werden. Zu ihrem Schutz werden seit einigen Jahren passive Maßnahmen eingesetzt (siehe Kapitel 2.1), bei denen die Folgen des Zusammenpralls mit einem Fahrzeug möglichst geringgehalten werden sollen. Hierfür werden bspw. aktive Motorhauben oder möglichst weiche Karosserieteile im Frontbereich der Fahrzeuge verbaut. Zudem werden zahlreiche aktive Maßnahmen implementiert (siehe Kapitel 2.2), die den Zusammenprall im Voraus durch eine Änderung der Fahrzeugbewegung verhindern oder in kritischeren Situationen die Kollisionsgeschwindigkeit reduzieren sollen.

Für die Effektivititätsbewertung der genannten bzw. weiterer Systeme kommen diverse Methodiken zum Einsatz, die virtuell, halb virtuell oder real durchgeführt werden können. So existieren Softwareumgebungen, die das Crashverhalten des Fahrzeugs oder die Verlagerung der Insassen in einem frühen Stadium der Entwicklung beleuchten können und damit eine Aussage bzgl. der Wirksamkeitsbewertung passiver Fahrzeugsysteme erlauben. Daneben ist es möglich mit komplexen virtuellen Methoden aktive Sicherheitssysteme und ihren Einfluss auf die Fahrzeug- bzw. Verkehrssicherheit im Gesamtverbund zu evaluieren. Mit Hilfe von Fahrsimulatoren lassen sich zudem Effekte in einer virtuellen Umgebung mit einem realen Fahrer in einem realen Fahrzeugmodell untersuchen und damit vor allem Fragestellungen hinsichtlich der Mensch-Maschine-Interaktion und dem Fahrerverhalten in definierten Szenarien beantworten.

1 Im Englischen **V**ulnerable **R**oad **U**sers (VRU): schwache Verkehrsteilnehmer

In der Realität werden passive Systeme in Crashversuchen erprobt, bei denen das Fahrzeug teilweise oder vollständig zerstört wird. Sie liefern damit den abschließenden Beweis zur Wirksamkeit der passiven Maßnahmen.

Der Realfahrversuch hingegen vervollständigt die Methodenlandschaft zur Wirksamkeitsbewertung aktiver Fahrzeugsicherheitssysteme und wird zum Ende des Entwicklungsprozesses angewendet, da hierfür ein real existierendes Fahrzeug bzw. ein Prototyp benötigt wird. Er ermöglicht es, die Funktionalität der eingebauten Systeme und damit den Sicherheitsgewinn in konkreten Szenarien zu testen und zudem die Absicherung nach technischen Richtlinien oder im Sinne eines Verbraucherschutztests, wie dem EuroNCAP, durchzuführen.

Unter der Prämisse einer zuverlässigen und konstanten Reproduzierbarkeit ist der Realfahrversuch seitens des EuroNCAP oder anderer Verbraucherschutzorganisationen[2] genau spezifiziert. Dadurch lassen sich die von unterschiedlichen Herstellern, Instituten oder Laboren erzielten Ergebnisse zwischen unterschiedlichen Fahrzeugen vergleichen. Gleichzeitig impliziert dieser Umstand hohe Anforderungen an die Testdurchführung, um die geforderten Randbedingungen und geringen Toleranzen einhalten zu können. Dazu werden die zu testenden Fahrzeuge mit Messtechnik, Robotik und Datenerfassungssystemen ausgerüstet und zusätzlich mit Targetsystemen gekoppelt, die jedoch ein gewisses Maß an Komplexität und damit an möglichen Fehlerquellen bei der Versuchsdurchführung und der Datenerfassung aufweisen.

Eine naheliegende Schlussfolgerung liegt damit in der Automatisierung dieser Realfahrversuche, wodurch zudem die benötigte Zeit sowohl bei der Durchführung selbst als auch bei der Datenauswertung und damit der Ergebnisermittlung, also letztendlich der Bewertung der Wirksamkeit des getesteten Assistenzsystems, minimiert werden kann. Im Hinblick auf die stetig steigende Zahl an durchzuführenden Absicherungstests, welche neue Sicherheitsfunktionen und -systeme adressieren sollen, zeigt sich deutlich, dass insbesondere der Faktor zur Zeiteinsparung, neben dem Komfortgewinn und der Sicherstellung eines validen Tests, von hoher Bedeutung ist.

Zur Umsetzung dieser Anforderung wird in diesem Beitrag eine technische Lösung präsentiert, deren Aufbau und Funktionsweise erläutert sowie Einsatzmöglichkeiten aufgezeigt werden. Außerdem sollen mögliche zukünftige Themen im Bereich der Fahrzeugsicherheit aber auch in anderen Feldern der Automobilentwicklung angesprochen werden.

2 Weitere NCAP, wie China, US oder Global, und bspw. NHTSA

2 Grundlagen

Zu Beginn werden die Grundlagen, verwendeten Begriffe und zugehörige Abkürzungen erläutert, mit denen das Verständnis für die nachfolgenden Inhalte sichergestellt werden kann.

Prinzipiell werden Fahrzeugsicherheitssysteme in passive und aktive Systeme unterschieden, wobei es zusätzlich den Begriff der integralen Sicherheit gibt, die den fließenden zeitlichen Übergang zwischen beiden beschreibt. [2]

2.1 Passive Fahrzeugsicherheit

Die passive Fahrzeugsicherheit befasst sich mit allen Maßnahmen, die die Unfallschwere mindern sollen, wobei nachfolgende Intentionen im Grundsatz verfolgt werden [3]:

- den Fahrer im Fahrzeug zu halten
- die auf ihn wirkenden Kräfte bzw. Beschleunigungen möglichst gering zu halten
- nicht von den Teilen des Fahrzeuginnenraums verletzt zu werden

Zu den heutzutage verbauten Sicherheitssystemen, welche diese Anforderungen adressieren sollen, gehören unter anderem folgende Komponenten:

- Sicherheitsgurte und Warnsysteme bei Nichtanlegen des Sicherheitsgurtes
- Kopfstützen, mitunter aktiv
- Airbags
- Knautschzonen

Für weitere Informationen sei an dieser Stelle auf die einschlägige Literatur verwiesen, bspw. [3].

2.2 Aktive Fahrzeugsicherheit

Aktive Fahrzeugsicherheitssysteme dienen zur Unfallvermeidung bzw. Unfallschwereminderung und wirken vor der eigentlichen Kollision, also bis zum Zeitpunkt Time-To-Collision (TTC) gleich Null. Sie umfassen damit die Zustände der Normalfahrt und der kritischen Situation, welche abstrakt oder konkret ausgeprägt sein können, und verfolgen grundlegend folgende Ziele [2]:

- Den Fahrer vor potentiellen oder existierenden Gefahren zu warnen
- Den Fahrer bei der Entschärfung einer kritischen Situation zu unterstützen
- Selbsttätig (autonom) die Situation zu entschärfen

Hierfür werden die Stellgrößen des Fahrzeugs, also die Lenkung, das Gaspedal und die Bremse in unterschiedlichen Konstellationen angesprochen, je nachdem, ob eine Kollision mit einem anderen Verkehrsteilnehmer durch Bremsen oder Ausweichen oder möglicherweise eine Beschleunigung vermieden werden kann. Das Zusammenspiel aus den Bewegungsgrößen beider Verkehrsteilnehmer ist dabei entscheidend.

2.3 Adressierte Tests des EuroNCAP – Safety Assist

Der erwähnte EuroNCAP, im speziellen die Rubrik des Safety Assist, bietet im Rahmen seiner Verbraucherschutzrolle spezielle, genau definierte Tests an, die eine Bewertung der aktiven Sicherheitssysteme und damit einen Vergleich zwischen verschiedenen Fahrzeugen ermöglicht. Zu diesen gehören vor einer Kollision warnende Systeme, sogenannte Forward-Collision-Warning (FCW) Systeme, selbsttätig eingreifende Notfallbremsassistenten, sogenannte Autonomous-Emergency-Braking (AEB) Systeme und selbsttätig eingreifende Spurhalteassistenten, wie Lane-Departure-Warning (LDW), Lane-Support-Systems (LSS), Emergency-Lane-Keeping (ELK), bis hin zu selbsttätig eingreifenden Lenksystemen, den sogenannten Autonomous-Emergency-Steering (AES). Im Gegensatz zu den Spurhalteassistenten orientieren sich diese nicht an den Fahrstreifenmarkierungen, sondern versuchen die Kollision durch ein Ausweichen zu vermeiden ohne dabei andere Verkehrsteilnehmer zu gefährden [4].

Der EuroNCAP liefert damit umfängliche Versuchsreihen zu Vergleichszwecken und hat sich als ein wichtiges Instrument zur Qualitätsbeurteilung eines Fahrzeugmodells etabliert. Aus diesem Grund werden dessen Regularien als Basis zur Auslegung der automatisierten Realfahrversuche verwendet und das Gesamtsystem, wie es im Folgenden Kapitel beschrieben wird, zur Durchführung der EuroNCAP Tests befähigt.[3]

3 Ungeachtet dessen ist das System nach einer kurzen softwareseitigen Anpassung in der Lage, jegliche Anforderungen anderer Testvorschriften zu erfüllen.

3 Versuchstechnik

Die für die Durchführung benötigte und bereits angesprochene Hardware stammt von verschiedenen Herstellern und ist im Sinne einer Automatisierung aufeinander abzustimmen. Dazu wurde die Driveability Testing Alliance (DTA) gegründet, eine Kompetenzpartnerschaft bestehend aus vier Firmen[4], in der das Know-How und die jeweiligen Kompetenzen der Partner in einer Plug&Play Komplettlösung mit allen benötigten Hard- und Softwarekomponenten gebündelt vorliegen (Bild 1, 2). Die umfangreichen Testszenarien und die zugehörigen Bewertungsschemata können damit effizient, mit festgelegter Ergebnisqualität, in definierter Zeit und somit prozesssicher durchgeführt werden. Der Einbau der benötigten Hardware ist schnell und unkompliziert für nahezu alle Fahrzeugklassen möglich und es müssen keinerlei Änderungen am zu testenden Fahrzeug vorgenommen werden.

Bild 1: Eingebautes Komplettsystem Cockpitansicht

4 Auto Mobil Forschung Dresden GmbH, GeneSys Elektronik GmbH, STÄHLE GmbH, DEWETRON GmbH

Bild 2: Eingebautes Komplettsystem Fondbereich

3.1 Aufbau und Funktionsweise

Die angesprochenen strengen Testregularien erfordern während der Versuchsdurchführung ein exaktes Einhalten aller Randbedingungen zur Fahrzeuglängs- und querführung, wodurch die Reproduzier- und Vergleichbarkeit der Tests gewährleistet werden kann. Dieser Umstand impliziert direkt die Verwendung von Fahrrobotern, die gegenüber dem Fahrer über ein deutlich feineres Regelvermögen verfügen. Als Bespiel sei an dieser Stelle die Einhaltung der Testgeschwindigkeit in einem Toleranzbereich von ±0,5 km/h oder der Toleranzbereich der Querablage zur Fahrtrajektorie von ±5 cm erwähnt [4].

Hierfür bietet die Stähle GmbH Lenk-, Gas- und Bremsaktuatoren zur testweisen Installation im Fahrzeug an und greift dabei auf ihre langjährigen Erfahrungen aus den Bereichen zur automatisierten Steuerung von Fahrzeugprüflingen auf stationären Prüfständen zurück. Diese Aktuatoren zur Fahrzeugführung werden über einen Controller gesteuert, der die Steuersignale entsprechend eines eingegebenen Fahrprogramms ermittelt. Dieses Fahrprogramm, oder auch Setup genannt, existiert für jedes Testszenario und ermöglicht dadurch die konstante und reproduzierbare Durchführung aller Testszenarien. Der Controller greift dabei auf die Soll-Größen aus dem Programm und die in Echtzeit ermittelten Ist-Messwerte zurück, vergleicht diese und regelt Differenzen anschließend aus.

Für diese Regelung benötigt die Robotik exakte, zeitsynchrone und verlässliche Messdaten. Zu diesen gehören die Positionen, Geschwindigkeiten, Beschleunigungen und weitere Messgrößen, um damit die Ist-Werte zur Regelung bereitstellen zu können. Hierfür wird ein GPS-gestütztes Ortungssystem verwendet, welches unter Einbeziehung von Korrekturdaten und die überlagerte Integration der Fahrzeugbeschleunigungen eine Positionsgenauigkeit von ±1 cm ermöglicht. Weiterhin ist es bspw. für Car-to-Car[5] oder VRU Versuche notwendig, die Daten zwischen zwei Objekten per WLAN auszutauschen und diese miteinander zu verrechnen (Bild 3). Die damit generierten Delta-Größen, welche auf diverse POI's[6] in oder an den Objekten referenziert sein können, ermöglichen anschließend eine Kollisionsdetektion mit zugehöriger Differenzgeschwindigkeit beider Kollisionspartner und damit die prozesssichere Auswertung der relevanten Testparameter (Bild 4). Die zeitsynchrone Bereitstellung von Messgrößen verschiedener Objekte innerhalb des Testszenarios ist Aufgabe der Messtechnik der Firma GeneSys Elektronik GmbH. Die Aufzeichnung und Verarbeitung der Messdaten erfolgt in einem Messrechner der Firma Dewetron GmbH als zentraler Schnittstelle aller Komponenten. In dessen Software zur Datenaufzeichnung sind ähnlich zur Robotik Setups hinterlegt, die für jedes Testszenario die spezifisch benötigten Messdaten aufzeichnet und zudem allgemeine Informationen[7] in das Messdaten-File integriert.

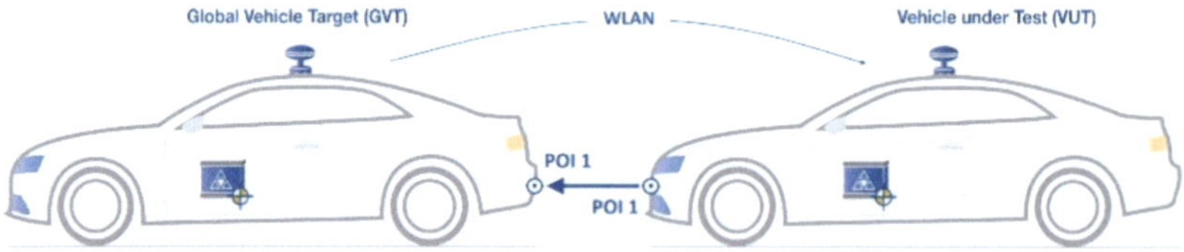

Bild 3: Kommunikation zwischen zwei Objekten

5 Auffahren des zu testenden Fahrzeugs auf ein stehendes, bewegtes oder verzögerndes Fahrzeug

6 **P**oint **o**f **I**nterest: Referenzpunkt

7 Sogenannte Headerdaten: enthalten allgemeine Informationen zur Testspezifizierung (Testgeschwindigkeit, Überdeckung, verbaute Systeme, etc.)

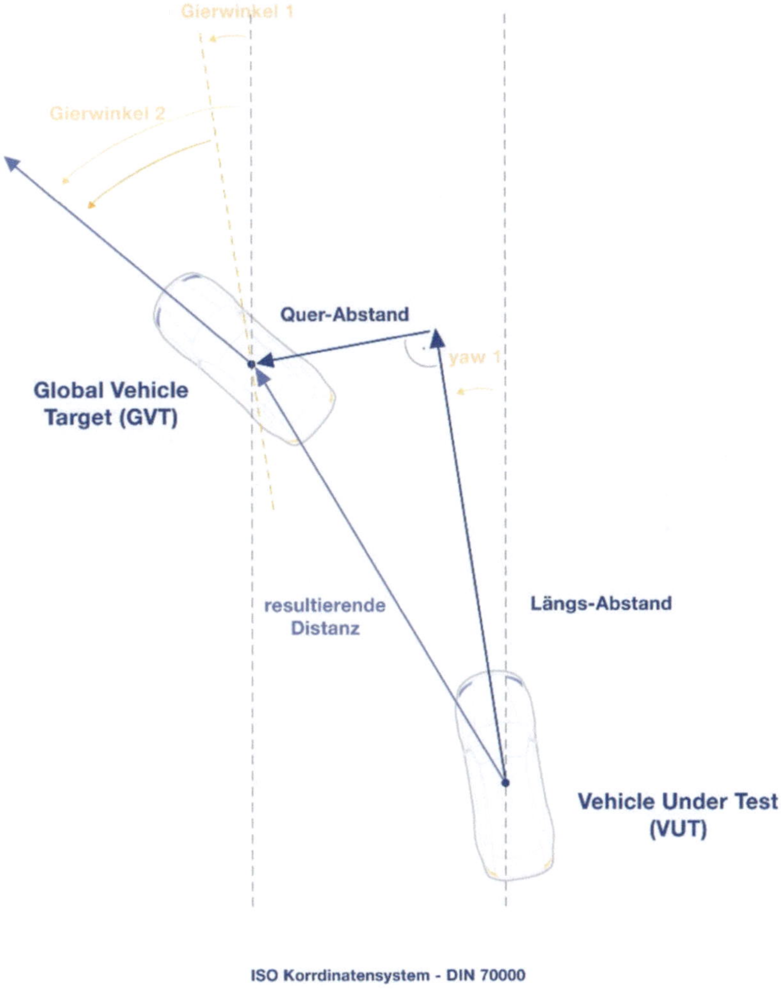

Bild 4: Darstellung zur Deltaberechnung

Mit Hilfe der genannten Komponenten ist die Testdurchführung möglich, jedoch sind die Abläufe in der Testdurchführung komplex und die Auswertung der Messdaten obliegt dem Anwender. Entscheidend ist jedoch die Berechnung der erreichten Punktzahl entsprechend der Testspezifikation, um das Fahrzeug bewerten und damit im Sinne eines Verbrauchertests vergleichbar machen zu können.

Im Verbund der DTA agiert die Auto Mobil Forschung Dresden GmbH (AMFD) als Dienstleister, indem sie die konkrete Durchführung dieser entwicklungs- und absicherungsbegleitenden Tests nach den Richtlinien des EuroNCAP übernimmt und das Post-Processing der aufgezeichneten Messdaten für die Bewertung des Fahrzeugs vornimmt. Möglich wird dies durch eine skriptbasierte Auswerteroutine, die in der Lage ist, bereits während der Testdurchführung eine Aussage zur Qualität der Messdaten treffen zu können, inwiefern die Randbedingungen erfolgreich eingehalten werden konnten und welches Ergebnis das Fahrzeug eingefahren hat. Fehlgeschlagene Tests können auf Basis dieser Erkenntnisse direkt wiederholt werden, wodurch eine vollständige und valide Aufzeichnung aller benötigten Messdaten sichergestellt werden kann.

3.2 Weitere Einsatzmöglichkeiten

Das vorgestellte Gesamtsystem bietet neben der Möglichkeit einzelne Fahrzeuge und deren Sicherheitssysteme zu testen insbesondere ein weitreichendes Potential für zukünftig relevante Fragestellungen. So ist beispielsweise die Mess- und Kommunikationstechnik in der Lage, bis zu acht Akteure gleichzeitig und zeitsynchron zu betreiben und deren Daten zu erfassen, wodurch sich insgesamt komplexe Szenarien aufbauen und durchführen lassen. Die aktuellen Tests zu einzelnen Funktionen, wie einem Brems- oder einem Lenkeingriff, sind historisch mit den SAE Leveln 1 und 2 [5] und den dazu nötigen Assistenzsystemen entwickelt und in Fahrzeuge implementiert worden, stellen jedoch für höhere SAE-Level nicht das Mittel der Wahl für eine umfängliche und valide Sicherheitsbewertung dar.

Vielmehr ist gerade in Hinblick auf die zunehmende Komplexität der Fahrzeugsicherheitssysteme direkt ein Bedarf nach umfangreichen Testszenarien zur Entwicklung und Absicherung verbunden, bei denen nicht mehr die alleinstehende Brems- oder Lenkfunktion untersucht werden soll, sondern stattdessen die Entscheidung zum Bremseingriff oder Lenkeingriff vom Fahrzeug und dessen Intelligenz zu treffen ist. Ein automatisiert durchgeführter Realfahrversuch schafft die zur Generierung dieser Szenarien notwendige technische Basis und erlaubt zudem eine sichere Datenaufzeichnung.

Neben der Bewertung aktiver Sicherheitssysteme lässt sich das Gesamtsystem auch für andere Fahrversuche verwenden, bei denen eine hohe Reproduzierbarkeit entscheidend ist oder geringe Toleranzbereiche einzuhalten sind. Diverse Tests zur Bewertung der Fahrdynamik können mit Hilfe vorgefertigter Setups ebenso automatisiert durchgeführt werden, wie Versuche zur Fahrbarkeit, zum Fahrkomfort oder in der Dauerlauferprobung.

4 Zusammenfassung und Ausblick

Das vorgestellte Gesamtsystem ermöglicht es, Fahrzeuge einzeln oder in einem größeren Verbund mit mehreren Akteuren automatisiert im Realfahrversuch zu testen. Insbesondere ermöglichen vorgefertigte Setups für die Robotik und die Datenerfassung eine schnelle und reproduzierbare Durchführung unterschiedlichster Testprozeduren inklusive einer Datenüberwachung in Echtzeit mit direkt angeschlossener Datenauswertung. Damit leistet die DTA einen Beitrag zur Bewältigung immer komplexer und umfangreicher werdender Prüfszenarien zur Bewertung aktiver Sicherheitssysteme und bedient gleichzeitig mögliche zukünftige Fragestellungen hin zum teil- und hochautomatisierten Fahren der SAE-Level 3 und 4 [5].

Für diese zukünftigen Fragestellungen liefern die beteiligten Firmen fortwährend einen Betrag, um die Versuchstechnik aktuell und für alle Arten von Testszenarien gerüstet zu halten. Dies beinhaltet notwendige Anpassungen an der Hardware aber vor allem an der Software. Damit lässt sich eine gewünschte Automatisierung der durchzuführenden Realfahrversuche auch zukünftig sicherstellen und die benötigte Versuchszeit für stetig komplexer werdende Prüfszenarien nachhaltig reduzieren.

5 Literaturliste

[1] Statistisches Bundesamt: „Unfallentwicklung auf deutschen Straßen 2015“; Begleitmaterial zur Pressekonferenz am 12. Juli 2016 in Berlin; Statistisches Bundesamt, Wiesbaden, 2016

[2] Prokop, G.: Vorlesungsskript Kraftfahrzeugtechnik 2 (Gesamtfahrzeugfunktionen SS 2018), Vorlesungsskript, Lehrstuhl Kraftfahrzeugtechnik, Technische Universität Dresden, 2018

[3] Kramer, F.: „Passive Sicherheit von Kraftfahrzeugen“, Biomechanik – Simulation – Sicherheit im Entwicklungsprozess, 3. Auflage, Vieweg + Teubner, Wiesbaden, 2009

[4] European New Car Assessment Programme: „Test Protocol – AEB VRU systems” - Version 2.0.2, Euro NCAP, November 2017

[5] SAE International: “Taxonomy and Definitions for Terms Related to Driving Automation Systems for On-Road Motor Vehicles”, SAE J3016, Juni 2018

Gewicht vs. Performance – Einfluss der Bremsleitung auf das Ansprechverhalten von Radbremsen

Falko Wagner, Univ.-Prof. Dr.-Ing. Ralph Mayer

Technische Universität Chemnitz

falko.wagner@mb.tu-chemnitz.de

1 Motivation

Ein möglichst direktes Ansprechen der Bremsen sorgt nicht nur für eine Steigerung des Fahrkomforts durch unmittelbare haptische Rückmeldung an den Fahrer, sondern führt auch zu einer Verkürzung des Anhalteweges. Somit ist das Ansprechverhalten von Radbremsen eine wesentliche Eigenschaft der Fahrsicherheit und somit unverändert essentieller Bestandteil für das globale Ziel der Reduzierung der Verkehrsunfallopfer im Rahmen von Vision Zero [1].

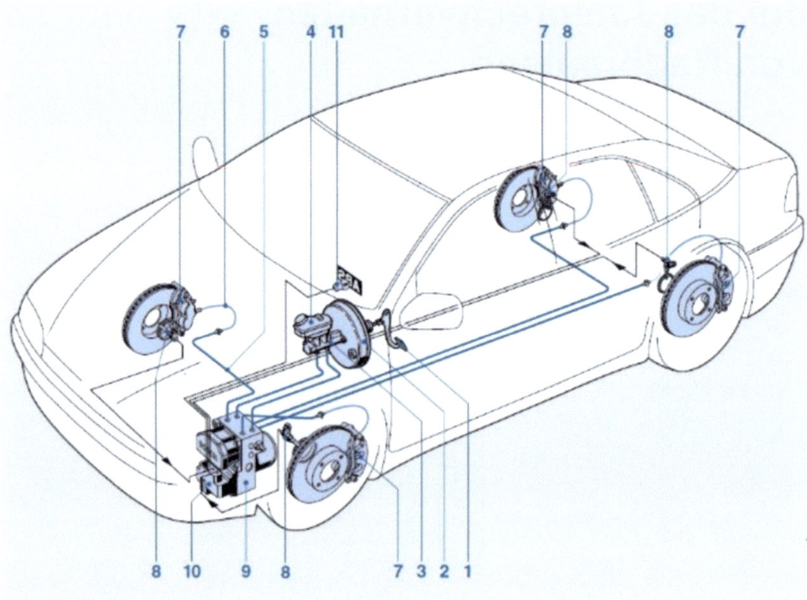

Bild 1: Bremssystem eines Fahrzeugs (schematisch)

Zwischen Pedaldruckaufbau (Fahrwunsch) und wirksamen Momentaufbau an der Radbremse kommt es zu einem zeitlichen Verzug mehrerer Zehntelsekunden [2]. Als Ursache hierfür wirken u.a.:

- Elastizitäten in Bremsleitungen und -schläuchen
- Elastizitäten in der Betätigungseinrichtung
- Kompressibilität der Bremsbeläge und
- Sattelsteifigkeit

Abbildung 2 zeigt den auf einem Rollenprüfstand ermittelten zeitlichen Zusammenhang zwischen Bremsdruckaufbau und wirksamen Bremsmoment für ein Fahrzeug der Oberklasse mit Standardbremssystem in der konstanten Geschwindigkeitsregelung mit v=30km/h. Im Sinne einer Gewichtsreduktion wären möglichst enge Bremsleitungsquerschnitte zielführend, die jedoch den Druckgradienten negativ beeinflussen. Ferner sind für die Montagefähigkeit der Bremsleitungen Krümmungen unterschiedlicher Radien zu berücksichtigen, die wiederum einen reduzierten Bremsmomentenanstieg begünstigen.

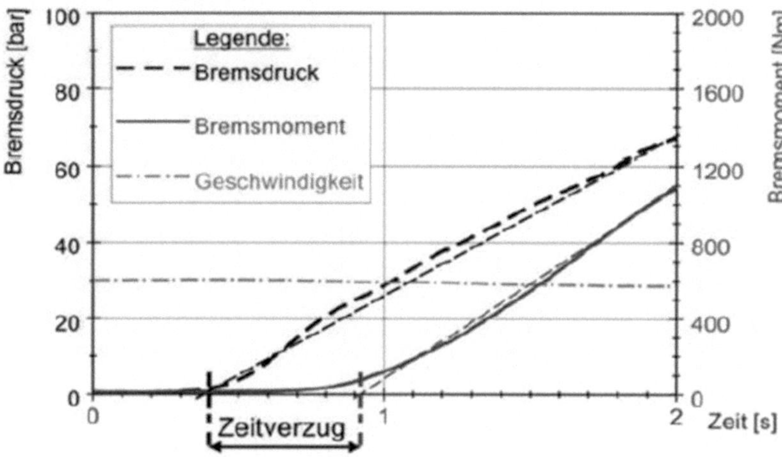

Bild 2: Zeitverzug zwischen Bremsdruckaufbau und Radbremsmoment

2 Stand der Technik

Der Bremsvorgang kann laut [3] in verschiedene Zeitabschnitte eingeteilt werden (Bild 3). Blickzuwendungszeit und Reaktionsgrundzeit sind durch das Reaktionsvermögen des Fahrers bestimmt, während Schwellzeit und Vollbremszeit durch die technische Umsetzung der Bremsanlage definiert werden.

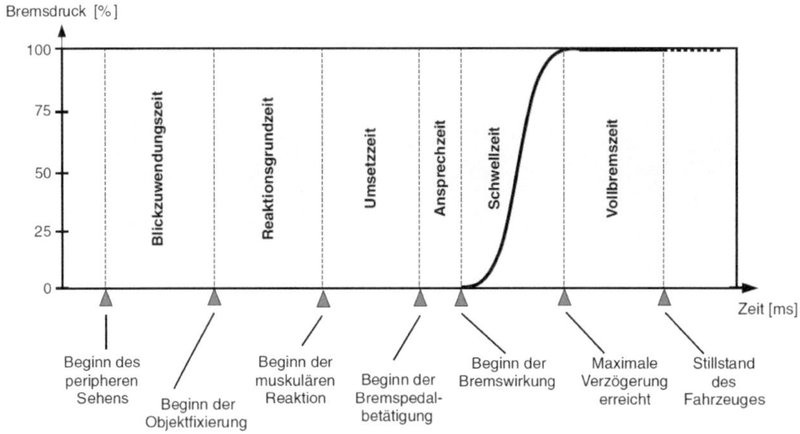

Bild 3: Zeitanteile eines Notbremsvorgangs [3]

Für die Charakterisierung des Ansprechverhaltens von Radbremsen ist der Zeitabschnitt „Ansprechzeit" von besonderen Interesse. Dieser Abschnitt beginnt sobald der Fahrer das Bremspedal mit seinem Fuß berührt und endet mit dem ersten Kontakt zwischen Bremsbelag und -scheibe. Somit ist die Ansprechzeit im Wesentlichen jene Zeit, die zur Überbrückung des Lüftspiels benötigt wird.

Während dieser Phase des Bremsvorgangs bewegt sich der Bremsbelag in Richtung Scheibe. Dazu strömt die Bremsflüssigkeit durch das System, wobei hauptsächlich Bremsleitung und –schlauch relevant sind. Diese Strömung der Bremsflüssigkeit ist mit Verlusten behaftet, die einen Einfluss auf die Dauer der Ansprechzeit haben. Jene Verluste sind unter anderem abhängig von der Geometrie der Bremsleitung. Tabelle 1 gibt einen Überblick über heute übliche Bremsleitungsabmessungen.

Das Ziel dieses Beitrags ist es, den Zusammenhang zwischen Bremsleitungsgeometrie und Ansprechzeit theoretisch zu erfassen.

Tabelle 1: Abmessungen von Bremsleitungen [4]

<table>
<tr><td>Rohraußendurchmesser</td><td colspan="4">Wanddicke s
bei Rohr</td><td>Berstdruck
p_e</td><td colspan="3">Gewicht
kg/m</td></tr>
<tr><td>d_l</td><td>B</td><td colspan="2">C</td><td>D</td><td>bar</td><td>B</td><td>C</td><td>D</td></tr>
<tr><td>±0,07</td><td>±0,07</td><td></td><td>Grenzabmaße</td><td>±0,075</td><td>min.</td><td></td><td></td><td></td></tr>
<tr><td>4,75</td><td rowspan="4">0,7</td><td>0,75</td><td>±0,075</td><td rowspan="4">0,75</td><td>1100</td><td>0,07</td><td>0,08</td><td>0,08</td></tr>
<tr><td>6</td><td>0,75</td><td>±0,075</td><td>850</td><td>0,09</td><td>0,10</td><td>0,11</td></tr>
<tr><td>8</td><td>0,75</td><td>±0,075</td><td>675</td><td>0,12</td><td>0,15</td><td>0,15</td></tr>
<tr><td>10</td><td>1,00</td><td>±0,075</td><td>550</td><td>0,16</td><td>0,20</td><td>0,19</td></tr>
</table>

3 Modellbildung

Für die Berechnung der Ansprechzeit von Radbremsen wurde ein Modell entwickelt, welche die Disziplinen technische Mechanik/Dynamik und Strömungsmechanik miteinander vereint.

3.1 Grundlegendes mechanisches Modell

Das hier vorgestellte Modell enthält eine Reihe von Vereinfachungen, welche sich jedoch nur in geringen Maße auf das Endergebnis auswirken sollten. So wird in der Berechnung der hydrostatische Druck aufgrund der geringen Höhenunterschiede im Bremssystem vernachlässigt. Des Weiteren werden alle Komponenten als inkompressibel angenommen. Somit nimmt die Bremsflüssigkeitsmasse in den durchströmten Komponenten nicht zu.

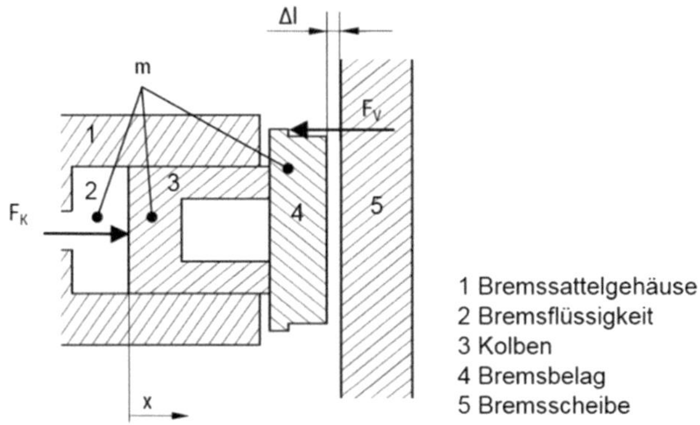

Bild 4: Mechanisches Modell

Unter Zuhilfenahme des Modells in Bild 4 lässt sich folgendes dynamisches Gleichgewicht herleiten:

$$F_K(t) = m \cdot a(t) + F_V \tag{1}$$

Die Kraft F_V kann hierbei als eine zu überwindende Vorspannkraft, welche gegen den Belag drückt angesehen werden. Auch ist es möglich sie als Reibkraft zu interpretieren. Durch Umstellen von Gleichung 1, erhält man die Beschleunigung des Bremsbelages in Abhängigkeit von der Zeit (Gleichung 2).

$$a(t) = \frac{F_K(t) - F_V}{m} \tag{2}$$

Die Kolbenkraft $F_K(t)$ kann durch die Multiplikation von Kolbenfläche und Bremsflüssigkeitsdruck dargestellt werden. Hierbei müssen noch die strömungsmechanischen Verluste (Δp_V) betrachtet werden (Gleichung 3).

$$a(t) = \frac{(p_{hyd}(t) - \Delta p_V) \cdot A_K - F_V}{m} \tag{3}$$

Mit Gleichung 3 wurde ein Ausdruck gefunden, mit dem sich die Bremsbelagbeschleunigung in Abhängigkeit von dem Bremsflüssigkeitsdruck ab Hydroaggregat ESP und den strömungsmechanischen Verlusten berechnen lässt.

3.2 Strömungsmechanische Verluste

Für die Bestimmung der Ansprechzeit von Radbremsen ist die Betrachtung der strömungsmechanischen Verluste essenziell. Bei der Betätigung der Bremsanlage strömt Bremsflüssigkeit durch das System, da das vorhandene Lüftspiel zwischen Bremsbelag- und scheibe geschlossen werden muss. Während dieses Vorgangs treten im Bremssystem Verluste auf, welche einen Druckabfall bewirken. Durch einen geringeren Bremsflüssigkeitsdruck im Bremssattel nimmt die Kolbenkraft ab und die Bremsbeläge können weniger stark beschleunigt werden Dies führt zu einer Verschlechterung der Ansprechzeit.

Die strömungsmechanischen Verluste lassen sich in Krümmung- Querschnittsübergangs- und Rohrreibungsverluste unterteilen. Im Folgenden werden diese genauer erläutert.

3.2.1 Krümmungs- und Querschnittsübergangsverluste

Strömt ein Fluid durch eine Krümmung oder verändert sich der Querschnitt einer Rohleitung, so erfolgt entlang der Leitung ein Druckverlust Δp_ζ. Beide Arten von Verlusten lassen sich durch Gleichung 4 erfassen.

$$\Delta p_\zeta(t) = \frac{1}{2} \cdot \rho \cdot \zeta \cdot v(t)^2 \tag{4}$$

Aus Gleichung 4 wird ersichtlich, dass der Druckverlust mit dem Quadrat der Strömungsgeschwindigkeit ansteigt. Des Weiteren nimmt er linear mit der Fluiddichte und mit dem Widerstandsbeiwert zu.

Widerstandsbeiwerte lassen sich experimentell oder durch numerische Simulationen bestimmen. Für häufig auftretende Geometrie existieren Tabellenwerte, welche in der Fachliteratur zu finden sind (Bild 5).

90°-Krümmer; Krümmungsradius *R*

R/d		1	2	4	6
ζ-Wert	glatt	0,21	0,14	0,11	0,09
	rau	0,51	0,30	0,23	0,18

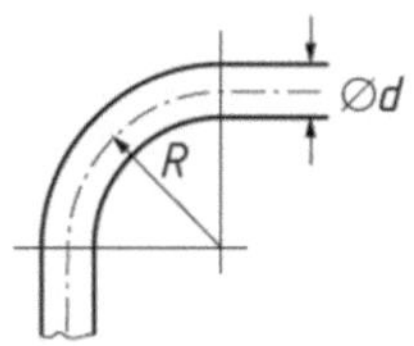

Bild 5: Widerstandsbeiwerte für einen 90°-Krümmer [5]

Strömt die Bremsflüssigkeit in verschiedenen Leitungsabschnitten mit der gleichen Geschwindigkeit, können die einzelnen Widerstandsbeiwerte der Krümmungen aufsummiert werden (Gleichung 5).

$$\zeta = \sum_{i=1}^{n} \zeta_i \tag{5}$$

3.2.2 Rohrreibungsverluste

Zwischen der strömenden Bremsflüssigkeit und der Rohrwandung stellt sich ein Reibungszustand ein. Dieser Zustand ist wesentlich davon abhängig ob die Strömung laminar oder turbulent ausgeprägt ist. Zur Definition des Strömungszustandes wird die Reynolds-Zahl herangezogen (Gleichung 6).

$$Re = \frac{v \cdot d}{\nu} \tag{6}$$

Ist die Reynolds-Zahl bei Rohrströmungen geringer als 2320, so ist die Strömung laminar. Eigene Berechnungen im Zuge dieser Untersuchung haben ergeben, dass dies bei Strömungen in Bremsleitungen der Fall ist. Die Rohrreibungszahl für laminare Strömungen wird mit dem Gesetz von Hagen-Poiseuille beschrieben (Gleichung 7).

$$\lambda = \frac{64}{Re} \tag{7}$$

Im Allgemeinen lässt sich der Druckverlust aufgrund von Rohrreibung mit folgender Gleichung beschreiben.

$$\Delta p_\lambda(t) = \frac{1}{2 \cdot d_i} \cdot \rho \cdot \lambda \cdot l_L \cdot v(t)^2 \tag{8}$$

3.3 Differentialgleichung des Modells

Setzt man die beiden Verlustherme in Gleichung 3 ein, so ergibt sich folgende Differenzialgleichung:

$$a(t) = \frac{\left[p_{hyd}(t) - \Delta p_{\zeta}(t) - \Delta p_{\lambda}(t)\right] \cdot A_K - F_V}{m} \tag{9}$$

Durch zweimalige Integration von Gleichung 9 erhält man den Ort des Bremsbelages in Abhängigkeit von der Zeit (Gleichungen 10 und 11). Somit ist es möglich, die Zeit zu berechnen, welche zum Schließen des Lüftspiels notwendig ist.

$$v(t) = \int a(t)dt \tag{10}$$

$$x(t) = \int v(t)dt \tag{11}$$

Da es sich bei Gleichung 9 um eine nichtlineare Differentialgleichung handelt, wurde ein eigener Gleichungslöser auf Basis des impliziten Eulerverfahrens programmiert.

3.4 Modellparameter

In der hier durchgeführten Untersuchung soll die Ansprechzeit einer Vorderradbremse in Abhängigkeit von der Güte der Verlegung der Bremsleitung (Krümmungswiderstand) und vom Bremsleitungsdurchmesser untersucht werden. Dazu ist es notwendig, einige Modellparameter zu fixieren. Im Folgenden werden diese erläutert.

Beim untersuchten Bremssattel handelt es sich um einen 4-Kolben-Festsattel mit einem Kolbendurchmesser von 44mm. Als einseitiges Lüftspiel zwischen Bremsbelag und Bremsscheibe wurden 0,2mm festgelegt.

Der Druckaufbau ab dem Hydroaggregat ESP erfolgt mit einer Rate von 0,4bar/ms. Die Bremsleitung besitzt eine Länge von 2m. Der Bremsschlauch ist 460mm lang. Für die Bremsflüssigkeit wurde eine kinematische Viskosität von $\nu = 34mm^2/s$ angenommen. Dies entspricht einer DOT3 Flüssigkeit bei 25°C [6]. Auf eine Vorspannkraft wurde zunächst verzichtet.

4 Ergebnisse

Als erstes wurde die Ansprechzeit der Vorderradbremse bei verschiedenen Bremsleitungsdurchmessern ermittelt. Dazu wurde ein Zeta-Wert von 5 verwendet. Bild 6 stellt das Ergebnis grafisch dar.

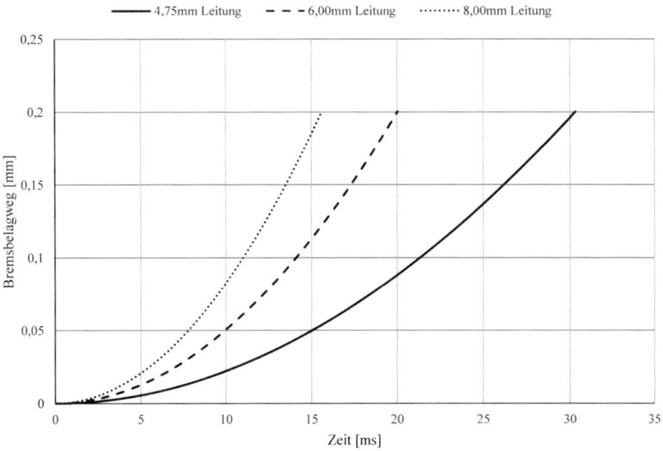

Bild 6: Darstellung des Weges eines Bremsbelages über der Ansprechzeit für verschiedene Bremleitungsdurchmesser und einen Zeta-Wert von 5

Wie in Bild 6 zu erkennen ist, nimmt die Ansprechzeit der Radbremse mit steigenden Bremsleitungsdurchmesser deutlich ab. Während die Ansprechzeit einer Bremsleitung mit einem Durchmesser von 4,75mm 30,32ms beträgt, halbiert sie sich in etwa beim Einsatz einer 8mm Leitung und fällt auf 15,61ms. Dies bedeutet eine Differenz von 14,71ms. Tabelle 2 fasst die Ergebnisse nochmals detailliert zusammen.

Tabelle 2: Ansprechzeit bei verschiedenen Bremsleitungsdurchmessern

Bremsleitungsdurchmesser [mm]	4,75	6	8
Ansprechzeit [ms]	30,32	20,05	15,61

Des Weiteren soll der Einfluss der Krümmungs- und Querschnittsübergangsverluste erarbeitet werden. Dazu wurden 3 Simulationen mit einem Zeta-Wert von 0, 5 und 50 durchgeführt. Ein Zeta-Wert von 0 entspricht einer ideal verlegten Leitung ohne Krümmungs- und Querschnittsübergangsverluste.

Ein Wert von 50 ist bereits unrealistisch hoch. Er soll jedoch betrachtet werden, um ein Worst-Case-Szenario darzustellen.

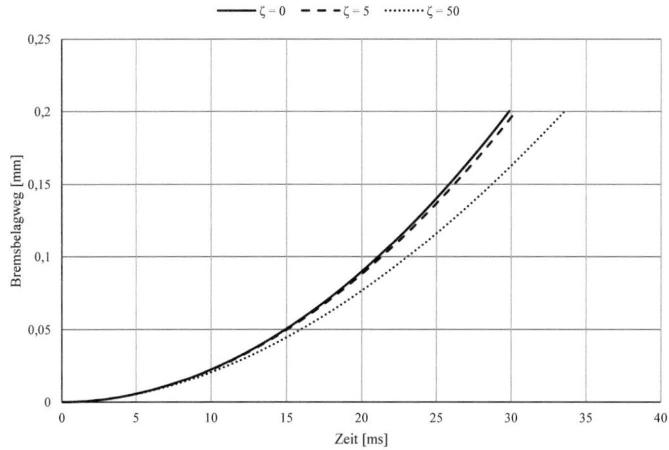

Bild 7: Darstellung des Weges eines Bremsbelages über der Ansprechzeit für verschiedene Zeta-Werte und einen Bremsleitungsdurchmesser von 4,75mm

In Bild 7 ist der Einfluss des Zeta-Wertes auf die Ansprechzeit einer Radbremse dargestellt. Dabei ist zu erkennen, dass der Unterschied einer ideal verlegten Bremsleitung und einer Leitung mit einem Widerstandbeiwert von 5 relativ gering ausfällt. Erst der unrealistisch hohe Zeta-Wert von 50 führt zu einer nennenswerten Verschlechterung der Ansprechzeit. In Tabelle 3 ist die Ansprechzeit für verschiedene Widerstandbeiwerte nochmals zusammengefasst.

Tabelle 3: Ansprechzeit bei verschiedenen Zeta-Werten

Zeta-Wert [–]	0	5	50
Ansprechzeit [ms]	29,87	30,32	33,57

Wie bereits in der Einleitung angesprochen, ist eine kurze Ansprechzeit aus fahrsicherheitstechnischen Aspekten wünschenswert. Um dies zu erreichen, können Bremsleitungen mit größeren Durchmesser verwendet werden. Dies geht jedoch mit einer Zunahme des Fahrzeuggewichtes einher (Tabelle 4).

Tabelle 4: Gewicht verschiedener Bremsleitungsgrößen bei einer Leitungslänge von 14m

Rohraußendurchmesser [mm]	Gewicht Bremsleitung [kg]	Gewicht Bremsflüssigkeit [kg]	Gesamtgewicht [kg]
4,75	0,98	0,13	1,11
6	1,26	0,24	1,50
8	1,68	0,50	2,18
10	2,24	0,85	3,09

5 Zusammenfassung

In der hier vorgestellten Untersuchung wurde ein Rechenmodell entworfen, welches es ermöglicht, das Ansprechverhalten von Radbremsen in Abhängigkeit verschiedener Parameter näherungsweise zu bestimmen. Dieses Modell basiert auf einer Reihe von Vereinfachungen, welche in zukünftigen Betrachtungen genauer ausgedrückt werden sollen, um die Vorhersagegenauigkeit zu verbessern. Auch wird eine Validierung der Simulationsergebnisse mit Messreihen angestrebt.

Die Simulationen haben ergeben, dass sowohl die Art und Weise der Verlegung der Bremsleitungen (Krümmungen) sowie auch der Bremsleitungsdurchmesser einen Einfluss auf die Ansprechzeit von Radbremsen besitzen.

Die Verschlechterung der Ansprechzeit aufgrund von nicht ideal verlegten Bremsleitungen ist jedoch weniger von Bedeutung als der Bremsleitungsdurchmesser.

Dennoch ist ein möglichst krümmungsfreies Verlegen der Bremsleitungen anzustreben, um das Maximum an Leistungsfähigkeit zu gewinnen.

Eine Vergrößerung des Bremsleitungsdurchmessers verringert die Ansprechzeit deutlich. So beträgt der Unterschied zwischen einer 8mm Leitung und einer heute größtenteils eingesetzten 4,75mm Leitung 14,71ms. Ein Fahrzeug, welches sich mit 130km/h bewegt, legt in 14,71ms einen Weg von 0,531m zurück. Dieser Weg könnte bei einer von einem durchschnittlichen Fahrer durchgeführten Vollbremsung eingespart werden. Geht man von einer gesamten Bremsleitungslänge von 14m im Fahrzeug aus, würde dies einer Gewichtszunahme von 1,07kg bedeuten.

Des Weiteren kann aus der hier vorgestellten Analyse abgeleitet werden, dass Vorderachsbremsen bei gleicher Lüftspielgröße i.d.R. schneller ansprechen als Hinterachsbremsen. Dies kann mit der für Hinterachsbremsen längeren Bremsleitungslänge begründet werden. Die Simulation ergab eine Differenz von 10ms von Vorder- zu Hinterachse bei einer Leitungslänge von jeweils 2m und 4m. Bei zukünftigen Brake-by-Wire Konzepten mit elektro-hydraulisch betätigter Hinterachssbremse sollte dieser Umstand berücksichtigt werden, um ein Überbremsen der Hinterachse zu vermeiden.

6 Literaturverzeichnis

[1] A. e. Mendoza, „The Worldwide Approach to Vision Zero: Implementing Road Safety Strategies to Eliminate Traffic-Related Fatalities," *Curr Trauma Rep,* pp. 104-110, 28 April 2017.

[2] R. Mayer, „Bremsassistenz," in *Fahrwerkhandbuch*, Wiesbaden, Vieweg + Teubner, 2008, pp. 546-547.

[3] B. Breuer, Bremsenhandbuch, 5. Hrsg., Wiesbaden: Springer Vieweg, 2017.

[4] DIN-74234, *Hydraulische Bremsanlagen, Bremsrohre Brödel,* Berlin: Beuth Verlag, 1992.

[5] L. Böswich und S. Bschorer, Technische Strömungslehre, 10. Hrsg., Wiesbaden: Springer Vieweg, 2014.

[6] M. e. Kao, „Copper-oxide brake nanofluid manufactured using arc-submerged nanoparticle synthesis system," *Journal of Alloys and Compounds,* pp. 672-674, 13 Oktober 2006.

[7] M. Burckhardt, Fahrwerktechnik: Bremsdynamik und Pkw-Bremsanlagen, 1. Hrsg., Würzburg: Vogel Verlag, 1991.

7 Formelzeichenverzeichnis

Formelzeichen	Bezeichnung	Einheit
A_K	Kolbenfläche	m^2
a	Beschleunigung	m/s^2
d	Durchmesser	m
F_K	Kolbenkraft	N
F_V	Vorspannkraft	N
Δl	Lüftspiel	m
l_L	Bremsleitungslänge	m
m	Masse	kg
p_{hyd}	Bremsflüssigkeitsdruck ab ESP	Pa
Δp_V	Druckverlust	Pa
Δp_ζ	Druckverlust durch Rohrgeometrie	Pa
Δp_λ	Druckverlust durch Rohrreibung	Pa
Re	Reynolds-Zahl	-
t	Zeit	s
v	Geschwindigkeit	m/s
x	Ort	m
ζ	Widerstandsbeiwert	-
λ	Rohrreibungsbeiwert	-
ρ	Dichte	kg/m^3

Entwicklung eines Road Condition Observers im Projekt "Vehicle Motion Control"

Dr. Thomas Raste, Peter Lauer, Bernd Hartmann

Übersicht

Der Road Condition Observer (RCO) von Continental ist eine notwendige Erweiterung für die aktuellen Advanced Driver Assistance Systeme (ADAS) und die Automated Driving (AD) Systeme in naher Zukunft. RCO zielt darauf ab, unter den gegebenen Fahrbedingungen die bestmögliche aktive Sicherheit zu gewährleisten. Beim elektronisch gesteuerten Fahren wird es keine Alternative dazu geben, Straßen-Reibungsinformationen zu verwenden, um den sicheren Bremsweg und die sichere Maximalgeschwindigkeit zu errechnen. Ein Entwicklungsansatz eines RCO mit globalem Reibwert wird basierend auf einer intelligenten Sensorfusion gezeigt. Die Lösung unterstützt einen Road Database Service zur Erfassung und Verteilung der µ-Informationen. Aufgrund der Komplexität des Zusammenspiels dieser Komponenten werden die Entwicklungsergebnisse eines AD-gesteuerten Fahrzeugs auf High-µ- und Low-µ-Oberflächen auch in stabilitätskritischen Fahrsituationen unter ESC-Eingriffen gezeigt.

Einleitung

Der Road Condition Observer (RCO) von Continental bietet dem automatisierten Fahren und den Fahrerassistenz-Systemen eine neue Dimension in der Einsetzbarkeit. Notwendigerweise müssen alltagstaugliche Transportmittel bei fast allen Umweltbedingungen sicher einsetzbar sein. RCO soll dazu dienen, Unfälle wegen nassen oder glatten Straßen zu reduzieren. Ein Algorithmus erkennt typische Merkmale für die vier unterschiedlichen Straßenzustände trocken, nass, verschneit und vereist. Aktuell befindet sich die Nässeerkennung bereits in der erweiterten Erprobung bei Fahrzeugherstellern. Der „Road Condition Observer" nutzt im Fahrzeug vorhandene Sensoren, um Hinweise auf die Griffigkeit der Fahrbahnoberfläche zu gewinnen. Mit diesem Wissen kann die Funktion von Fahrerassistenzsystemen an die tatsächlichen Straßenverhältnisse angepasst werden. Eine automatische Notbremsung beispielsweise muss bei regennasser oder verschneiter Straße deutlich früher als bei einer trockenen Straße ausgelöst werden, um eine drohende Kollision zu verhindern, siehe Bild 1.

Bild 1: Das RCO System klassifiziert den Fahrbahnzustand in trocken, nass, verschneit und vereist. Dabei wird neben den Fahrdynamiksensoren auch eine Monokamera genutzt.

Schon lange wird in der Automobilindustrie daran geforscht, den verfügbaren Reibwert als Wechselwirkung zwischen Reifen und Fahrbahn möglichst vorausschauend zu erkennen, um diese Information zur Absicherung von Regeleingriffen für das eigene Fahrzeug zu nutzen. [1],[8],[9],[10] Alle früheren Versuche in dieser Richtung sind jedoch an unzulänglichen Sensoren und fehlenden oder zu teuren Rechenkapazitäten gescheitert. Nun ist es Continental gelungen, ein System zu entwickeln, das den Fahrbahnzustand erfasst und eine Klassifikation in trocken, nass, verschneit und vereist ermöglicht.

In der aktuellen Entwicklungsphase wird der Schwerpunkt auf das Fahren auf Schnee und Eis in Nord-Schweden gelegt, wobei das Erkennen von Asphalt (geheizt) immer wieder gegengetestet wird. Die Reibwert-Erkennung soll auch dazu dienen eine Vernetzung zu anderen Verkehrsteilnehmern zu unterstützen, um den automatisierten Systemen eine vorausschauende Einschätzung der Fahrsituation zu ermöglichen.

Diese ambitionierte Aufgabe wird in einem automatisierten Fahrzeug getestet und untersucht. Eine Gegenüberstellung von bereits gelernten und neu erfassten Reibwerten wird anschaulich in einem Prototypenfahrzeug gezeigt.

RCO Komponenten

Im Folgenden wird ein Überblick gegeben, welche Komponenten zur Erfassung der Reibwertsituation herangezogen werden können und wie sie eingesetzt werden.

Bremssystem

Das Bremssystem bietet durch seine schnelle und genaue Signal-Erfassung der Radgeschwindigkeiten eine ideale Plattform, um die lokale Schlupf-Situation an den Rädern zu bewerten. Zieht man noch eine Korrelation zu den Momenten bzw. Kräften am Rad, lässt sich daraus auf einen Reibwert schließen. Durch zusätzlich geeignete Beobachtung des Fahrzustandes mit Hilfe der ESC-Eingriffe von Blockierverhinderung (ABS), Traktionsregelung (TCS) und Querstabilisierung (AYC) lässt sich durch eine geeignete Bewertung des Betrages der Beschleunigungen ein maximal erreichbarer Reibwert schätzen. Bild 2 zeigt einen typischen Schlupfverlauf beim Beschleunigen des Fahrzeugs und im Schleppbetrieb.

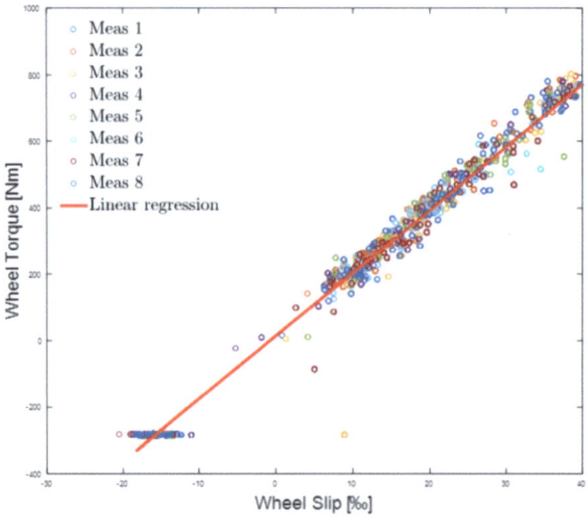

Bild 2: Conti Winter Contact TS860, V=70km/h, Beschleunigung auf Asphalt.

Jeder Reifen zeigt seinen eigenen charakteristischen Verlauf im Momenten-Schlupf Diagramm. Diese, wie auch andere Abhängigkeiten können in geeigneten Fahrsituationen gelernt werden. Wesentlichen Einfluss auf die Steigung haben Luftdruck, Temperatur, Aufstandskraft und Schräglauf. Continental kann hierbei lange Erfahrung im Einsatz von Lernsystemen bei indirekt und direkt messenden Reifendrucksystemen einbringen. Es konnte in Schweden eindrucksvoll nachgewiesen werden, dass, bei eingelernten und geeignet parametrisierten Algorithmen, für Schnee und Eis deutlich unterscheidbare Gradienten zu Trockenheit und Nässe gemessen werden können.

Antriebssystem

In modernen Antriebssystemen werden die Momente am Rad vom gesamten Antriebstrangmanagement eingestellt. Dies gilt für elektrische oder konventionelle Antriebe mit Verbrennungsmotor und Getriebe. Eine entsprechende Schnittstelle wurde im Prototypenfahrzeug realisiert. Das aktuell anliegende Moment am Rad wird dabei vom Antriebstrangmanagement über CAN-Bus an den RCO gesendet.

Die wichtige Entscheidung zwischen Hoch- und Niedrigreibwert wird anhand der unterschiedlichen Anfangs-Steigungen der μ-Schlupfkurven ermittelt [2]. Wie in Bild 3 beispielhaft dargestellt, lässt sich der Steigungsunterschied schon bei kleinen Antriebsmomenten feststellen. Typischerweise reicht hier schon eine Fahrzeugbeschleunigung von unter 0,2 g aus, um den steilen Anstieg bei Hochreibwert zu erkennen und vom stark verrauschten flachen Schlupfverlauf auf Niedrigreibwert zu differenzieren. Dieses Verfahren wird im Folgenden mit „Mikroschlupf-Analyse" bezeichnet.

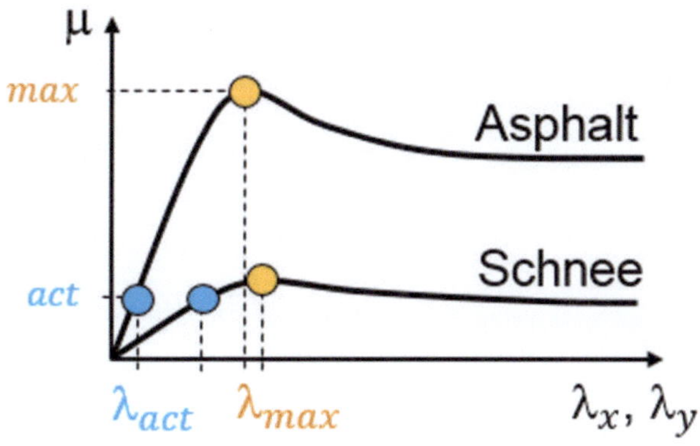

Bild 3: Typischer Schlupf (λ) Verlauf bei Hoch- bzw. Niedrigreibwert

Wegen der starken Streuung der Messwerte ist die Erkennung der Steigung von einer Filterung und Annäherung der Messwerte in Form einer Regressionsgeraden notwendig. Die benötigte Zeit zur Analyse und Entscheidung einer Höhe der Steigung liegt im Bereich von Sekunden. Die Analyse findet derzeit nur im Schub- oder Schleppbetrieb statt. Eine Erweiterung auf die Bremsphase ist derzeit in Entwicklung. Wesentlichen Einfluss hat hier die Referenzbildung für die Radgeschwindigkeit, die beim Bremsen aller Räder etwas ungenauer ist als im Antriebsfall, beim Antreiben nur einer Achse.

Kamera

Kameraalgorithmen ergänzen die Erkennung auf vier verschiedene Reibwertklassen. Es findet eine Klassifikation des verfügbaren Reifen/Fahrbahn Reibwerts in den Klassen trocken, nass, verschneit und vereist statt. Innerhalb der Klassen lässt sich speziell bei niedrigen Reibwerten durch das häufige Auftreten von Regeleingriffen eine Feinanalyse, wie oben beschrieben, durchführen.

Erkenntnisse der Bildauswertung einer Kamera können auch zur Plausibilisierung der Erkenntnisse aus der Mikroschlupf-Analyse herangezogen werden. Kamerabasierte Verfahren basieren auf einer Mustererkennung und Farbidentifikation.

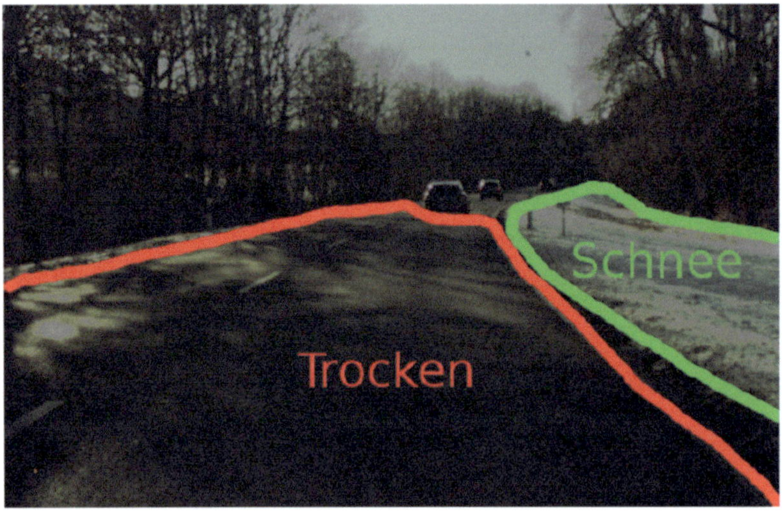

Bild 4: Kamerabild einer Klassifizierung

Hierbei werden klassische Algorithmen und KI-Verfahren mit neuronalen Netzen zur Erkennung eingesetzt. Wie in Bild 4 gezeigt wird, muss zusätzlich zur Reibwert Erkennung auch noch die Lokalisierung desselben auf der Fahrspur erfolgen. Die AI Algorithmen haben bei Nässe-Erkennung Ihre Stärke, da die Mustererkennung bei Regen prägnanter ist und auch die Gischt am Reifen gut beobachtbar ist.

Aquaplaning

Die Informationssysteme über eine Aquaplaning Situation basieren zunächst auf einer Analyse der Radgeschwindigkeiten. Die Vorderräder werden beim heckgetriebenen Fahrzeug durch den Schwallwiderstand des Wassers stark verzögert, wie dadurch auch das gesamte Fahrzeug, ohne dass Bremsdruck aufgebaut wird. Die Fahrgeschwindigkeit liegt zusätzlich in einem für Aquaplaning kritischen Bereich oberhalb 80 km/h. Die Kamera kann dies durch Erkennung von Spritzwasser am Rad bestätigen. Beim frontgetriebenen Fahrzeug, lässt sich der Fall zusätzlich durch die starke Verzögerung des Fahrzeuges trotz überdrehenden Antriebsrädern erkennen, solange der Fahrer beschleunigen will.

In der Vorphase zu Aquaplaning kann eine kritische Situation mit Hilfe der Beschleunigungssensoren im Reifen erkannt werden. In den Continental „electronic Tire Information System" Sensoren (eTIS) zum Messen der Luftdrücke im Reifen, kann die Vertikalbeschleunigung gemessen werden. Beim Durchlaufen der Abflachungsphase im Reifenpatch-Durchlauf können die Signale ein für Nässe charakteristisches Schwingungsverhalten zeigen, das genutzt werden kann, um eine kritische Fahrsituation auf Nässe zu detektieren. [3]

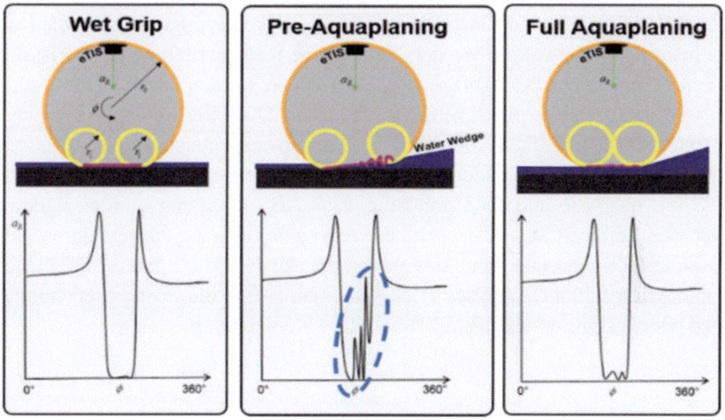

Bild 5: Verhaltensanalyse von eTIS bei Nässe und Aquaplaning

Bei leichtem Schwallwiderstand bei Nässe zeigt ein charakteristisches Schwingungsverhalten im Reifenlatsch eine potentielle Gefahr infolge des „Pre-Aquaplaning"-Zustandes an, wie in Bild 5 Mitte gezeigt. Die zusätzliche Funktionalität des eTIS ist derzeit in Entwicklung.

Weitere Informationssysteme

Weitere Informationssysteme wie Wetterinformationen und lokale Temperaturen bieten sich als Datenquelle z.B. aus dem Internet an. Deshalb hat Continental den elektronischen Horizont (eHorizon) entwickelt, der digitale Kartendaten mit Sensordaten aus der Cloud integriert und es so ermöglicht, einen Blick in die „Zukunft" zu werfen. Continental hat darüber hinaus den Dienst „Road Database" entwickelt, um die vom eHorizon benötigten exakten Informationen über die befahrene Straße zu erhalten. Dieser nutzt das Fahrzeug selbst als Sensor zur Erhebung der Streckeninformation, indem er die bereits vorhandenen Sensoren zur Erfassung der Straßengeometrie und -ausstattung sowie eine Erfassung und statistische Auswertung der Reibwert-Informationen verwendet. Bild 1 zeigt die wichtige Infrastruktur, dass ein Backend Server oder eine C2X Kommunikation benötigt wird, um im Fahrzeug den Reibwert im Voraus zu erkennen. Beispiel: Eine sichere Anpassung der Kurvengeschwindigkeit kann nur dann erfolgen, wenn der Reibwert in der nächsten Kurve vor dem Anbremsen bzw. Verzögern vorliegt.

Die Daten-Fusion

Eine Datenfusion aus verschiedenen Informations-Quellen ist nur dann möglich, wenn auch eine Verlässlichkeitsangabe zu jeder Information existiert. Gemäß dieser kann dann eine Priorisierung und Einschätzung der Wertigkeit erfolgen mit der die Informationen fusioniert oder vereint werden. Eine grobe Kategorisierung die verlässlich ist, kann dann einer feinen Kategorisierung vorgezogen werden oder die Richtigkeit der feinen und detailreichen plausibilisieren. Beispiel: Die Mikroschlupferkennung kann sehr genau (~99%) zwischen Hoch- und Niedrigreibwert unterscheiden und entscheidet Hochreibwert. Die Kamera dagegen kann 4 Stufen erkennen mit einer Genauigkeit von 95%-98% je nach Zustand der Umgebung. Eine ABS-Regelung an allen Rädern zeigt dagegen den Reibwert zu 100% genau an. Also geht beim Zusammenführen ABS vor Mikroschlupf-Zustand und dann kommt erst die Analyse der Kamera. Wenn sich Kamera und Mikroschlupf Analysen widersprechen, würde die Zustandserkennung verschoben bis ein klares eindeutiges Urteil gefällt werden kann.

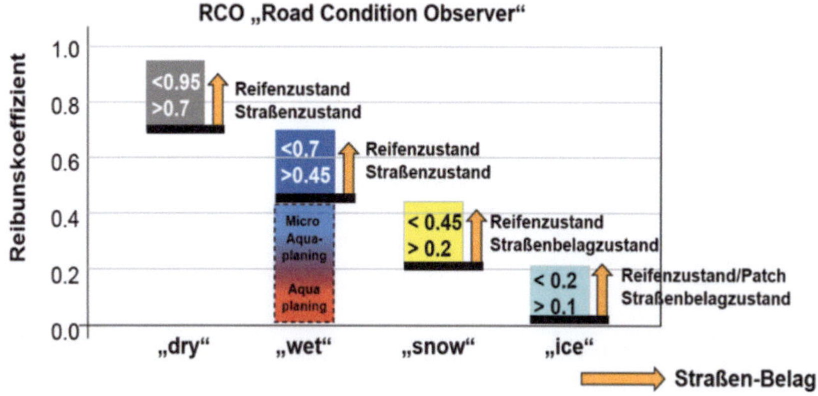

Bild 6: Stufen einer Klassifizierung

Wie in Bild 6 gezeigt, wird der Reibwert in 4 Stufen (Klassen) erkannt. Aquaplaning bildet eine zusätzliche Klasse. Wichtige Bereiche sind dabei zu unterscheiden: Hochreibwert oberhalb von 0,5 sagt aus, dass der AD-Fahrer oder das Assistenzsystem, wenn sie komfortabel unter etwa 0,2g ausgenutztem Reibwert unterwegs sind, trotzdem ein hohes Potential zum Notbremsen oder Not-Ausweichen zur Verfügung haben. Befindet sich der erkannte Reibwert aber unterhalb von 0,5 müssen Einschränkungen bei der maximal möglichen Beschleunigung und Verzögerung im Notfall berücksichtigt werden. Die Unterscheidung in zwei Klassen ist sehr grob, kann aber heute schon sicher unterschieden werden. Vier Klassen zu unterscheiden ist das gesetzte Ziel bei Continental, um automatisierte Systeme sicher auf den Markt zu bringen. Im Weiteren wird gezeigt, wie genau der Wert mit verfügbaren Mitteln heute schon im Fahrzeug gelernt werden kann. Assistenzsysteme die heute auf dem Markt sind kennen den Reibwert noch nicht im Voraus, erst nach Regeleintritt wird dieser erkannt.

Das Projekt Motion Control

Automatisiertes Fahren gliedert sich nach SAE in 5 automatisierte Stufen, Siehe Bild 7. In dieser Darstellung wird gezeigt, dass bis Level 3 der Fahrer noch als Überwacher und Entscheider zur Verfügung steht. Ab Level 3 sollte und ab Level 4 muss das AD-System selbständig entscheiden können, ob es die Verantwortung einer automatisierten Fahrt übernehmen kann.

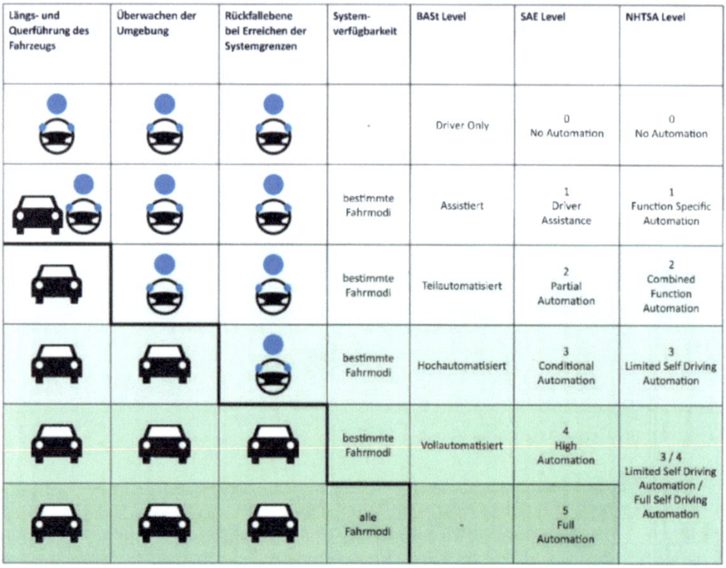

Bild 7: Grade der Automatisierung [11]

Assistenzsysteme auf Level 2 Niveau, die einen Sicherheitsabstand einkalkulieren, sollten möglichst bald über sichere Reibwertinformationen verfügen.

Die Bewegungssteuerung (engl. Motion Control) für das automatisierte Fahren ist ein aktuelles Entwicklungsthema bei vielen Fahrzeugherstellern und Zulieferern, z.B. [4], [5], [6]. Continental entwickelt ein System, das leicht applizierbar und über viele Baureihen, Fahrzeugkonfigurationen und Anwendungsfälle hinweg ohne Änderungen robust funktionieren soll. Darüber hinaus sind einheitliche, standardisierte Schnittstellen anzustreben, um leichtere Austauschbarkeit der Module gegen leistungsfähigere zu ermöglichen, wie in Bild 8 gezeigt wird.

Die horizontale Bewegung des Fahrzeugs wird durch die aktuell anliegenden Radlenkwinkel und Radmomente, die die horizontalen Reifenkräfte bestimmen, erzeugt. Entsprechend wird die vertikale Bewegung durch die Fahrwerkskräfte verursacht. Das Grundprinzip von Motion Control ist die Betrachtung der umgekehrten Wirkrichtung: Ausgehend von einer gewünschten kinematischen Bewegung werden die zugehörigen dynamischen Reifenkräfte und Radlenkwinkel und daraus die entsprechenden Radmomente als Stellgrößen bestimmt. Zur Kompensation der stets vorhandenen Störgrößen müssen entsprechende Maßnahmen, wie z.B. Regelungen und Störgrößenkompensationen, eingesetzt werden.

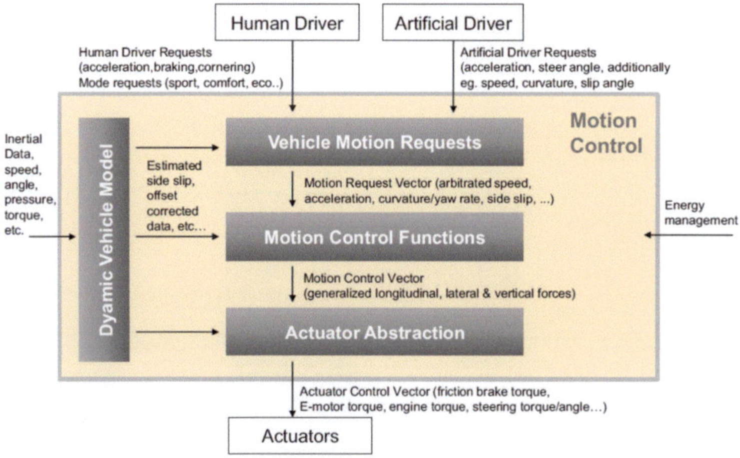

Bild 8: Funktionsarchitektur Motion Control

Die Bestimmung der Stellgrößen gelingt vorteilhaft durch Aufteilen des Regelungssystems in mehrere kaskadierte Ebenen mit eindeutig definierten Schnittstellen untereinander. Änderungen oder Ergänzungen des Systems sind damit einfacher und effektiver durchzuführen, da meist nur eine Ebene betroffen ist und nicht das gesamte Regelungs-system. Aus regelungstechnischer Sicht kann diese Aufteilung jedoch eine Strukturbeschränkung mit entsprechender Auswirkung auf die Stabilität des Regelsystems bedeuten. Durch eine intelligente Aufteilung der Software, z.B. schnelle Regelungen auf aktornahe Steuergeräte, wird dem entgegengetreten. Neben der Optimierung der Totzeit ist ein weiterer wichtiger Aspekt die Aufteilung der Bewegungskommandos auf die einzelnen Aktoren. Bei sog. überaktuierten Systemen übersteigt die Anzahl der Stellgrößen die Anzahl der Freiheitsgrade der Fahrzeugbewegung. Mit Hilfe von optimierungs-basierten Verteilungsalgorithmen können die Aktoren koordiniert betrieben werden. Hierbei lassen sich weitere Kriterien, wie z.B. Sättigung der Aktoren, Rekonfiguration zur Gewährleistung von Fehlertoleranz bei Aktorausfall, eine erhöhte Energieeffizienz oder eine Minimierung von Verschleiß ebenfalls einbeziehen. [7]

Die Leistungsgrenzen der Aktoren und Sensoren, die Beschaffenheit der Fahrbahn, der Komfort und die Sicherheit der Passagiere sowie die Verkehrsteilnehmer und -infrastruktur beschränken die mögliche Fahrzeugbewegung. Diese Beschränkungen müssen im Regelsystem schon in der obersten Kaskade systematisch berücksichtigt werden, vorteilhafterweise mit einer permanenten Vorausschau. Hierzu wird das Fahrzeug in Zukunft nahtlos mit anderen Fahrzeugen bzw. Rechenzentren verbunden sein. Letztere liefern Schwarmdaten an alle angeschlossenen Fahrzeuge, wie z.B. den Zustand der

Fahrbahn. Neuere Untersuchungen basieren auf einem modellprädiktiven Ansatz (Model Predictive Control, MPC), der eine Vorausschau der Strecke einschließlich Beschränkungen berücksichtigen kann, [12].

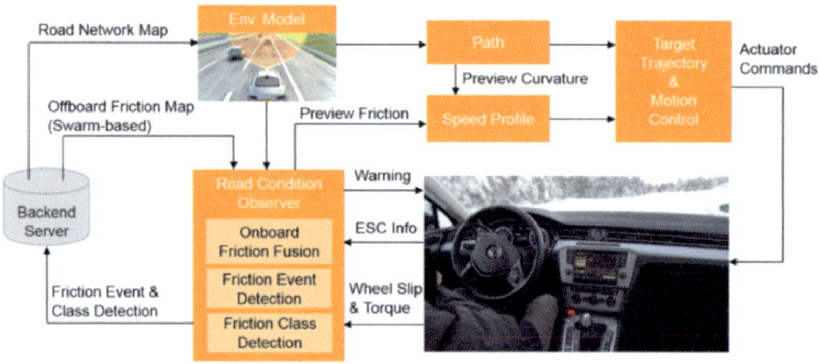

Bild 9: Road Condition Observer und Motion Control im Regelkreis für das automatisierte Fahren

Wie in Bild 8 gezeigt, beinhaltet das RCO System drei wichtige Komponenten. Die ersten beiden Komponenten bestehen aus der Sammlung der im Fahrzeug erkannten Zustände wie Reibwert-Klassen aus Beobachtungen der Straße mit der onboard Kamera und der Mikroschlupf-Analyse sowie deren verfeinerte Werte über den ausgenutzten Reibwert, wenn Regelsysteme aktiv sind. Diese Werte werden als Events an einen Backend Server geschickt und mit Konfigurationsdaten aus dem Fahrzeug versehen. Die dritte Komponente ist eine Fusion der lokalen Daten mit den Daten vom Backend Server, der die Daten von allen beteiligten Fahrzeugen gesammelt und geeignet normiert und fusioniert hat. Diese lokale Fusion auf Basis der Serverdaten erlaubt den Regelsystemen eine weite Vorausschau auf die zu erwartenden Reibwerte vor dem Ego-Fahrzeug.

Funktionale Integration

Die automatisierte Erkennung des Reibwertes wurde im Winter 2017/18 in Schweden auf verschiedenen Teststrecken gezeigt. Dazu ist der Teil des RCO, der über den Reifenschlupf auf den aktuellen Reibwert schließt, der Öffentlichkeit präsentiert worden. In einem Fahrzeug, das mit automatisiertem Lenken, Bremsen, Beschleunigen und Schalten ausgerüstet war, wurden auf einem schneebedeckten Handlingkurs, Reibwerte automatisch gelernt. Die Lokalisierung des Fahrzeuges wurde über ein Differential Global Positioning System realisiert. Das DGPS ist ein hochgenaues Positionierungs-System (GNSS) und kann mit Hilfe von Korrekturdaten (Bahn- und Zeitsystem) eine Position bis zu 2cm genau anzeigen (RT4000 von Fa. OXTS).

Bild 10: Autopilot mit Reibwerterkennung im Prototypenfahrzeug in Schweden auf einem Schneehandlingkurs.

Mit Hilfe der DGPS Position wurde die Strecke zunächst abgefahren und die Werte in eine Straßenkarte eingetragen. Anschließend ist das Motion Control Regler-System in der Lage das Fahrzeug positionsgenau über die Strecke zu dirigieren. Die maximal mögliche Geschwindigkeit wird dabei jeweils vor einer Kurve über die Krümmung und den Reibwert (bzw. Komfortwert) bestimmt. Zu jedem Zeitpunkt während des Einlernens und des Abfahrens findet eine Bestimmung des Reibwertes statt. Diese Werte werden zu der jeweiligen Position gelernt und können in einem weiteren Schritt lokal abgespeichert werden. Das Ziel in einer zukünftigen Serienanwendung ist, diese Daten als Dienst über die Continental Road Database allen Fahrzeugen zur Verfügung zu stellen.

Auf einem Straßen-Teilstück mit geheiztem Asphalt, bei Umgebungstemperaturen von bis zu -30°C zeigt die Reibwert-Erkennung beim Fahren mit geringer Beschleunigung des Fahrzeugs die Klasse Hochreibwert an. Dabei wird der Klasse ein numerischer High-µ (HM) Reibwert zugeordnet. Bei erkanntem Schnee wird entsprechend auf einen festen Low-µ (LM) Wert gesetzt. Feinere Reibwertabstufungen innerhalb der jeweiligen Klasse HM und LM finden anhand von anderen Kriterien statt. Hierbei werden Regelungen von ABS, TCS und ESC sowie ausgenutzte Beschleunigungen und die entsprechende Fahrsituation in Betracht gezogen. Unterschiedliche Reibwerte auf trockenen Straßen werden vorzugsweise über eine Kamerabild Auswertung realisiert, die aber in dem genutzten Versuchsträger nicht zur Verfügung stand.

Zusammenfassung

Der Road Condition Observer (RCO) von Continental integriert verschiedene Sensoren zu einer zentralen Reibwerterkennung in 4 Klassen. Zukünftig sollen die Informationen zentral gesammelt und über einen cloudbasierten Dienst allen Fahrzeugen zur Verfügung gestellt werden. Der Teil des RCO, der auf Radinformationen basiert, wurde in einem Testfahrzeug in Schweden dargestellt. Der Versuchsträger verfügte über einen Regler, der mit Karte und DGPS automatisiert über einen Schneehandlingkurs fahren konnte und dabei die Reibwertsituation selbständig einlernte.

Referenzen

[1] Magnusson, P.; Frank, H.; Gustavsson, T.; Almkvist, E.: Realtime high-resolution road condition map for the EU. Chassis Tech Plus, München, 2018

[2] Mitschke, M.; Wallentowitz, H.: Dynamik der Kraftfahrzeuge. 4. Aufl. Springer, 2004, S. 19

[3] Raste, T. ; Hartmann, B.; Kretschmann, M.: Assistance System for Aquaplaning Situations. VDI Fachtagung Reifen – Fahrwerk – Fahrbahn, Hannover, 2017

[4] Rathgeber, C.; Winkler, F.; Odenthal, D.; Müller, S.: Lateral Trajectory Tracking Control for Autonomous Vehicles. European Control Conference, Strasbourg, 2014.

[5] Rieth, P.; Raste, T.: Integrationskonzepte der Zukunft. In: Winner, H. Hakuli, S.; Lotz, F.; Singer, C. (Hrsg.): Handbuch Fahrerassistenzsysteme. 3. Aufl. Springer, Wiesbaden, 2015, S. 1083-1092.

[6] Münch, E.; Bestmann, H.; Lovell, C.; Pollmeyer, S.; Khaniki, M.S.; Schulte, D.: Vehicle motion control layer – a modular abstraction layer to decouple ADAS from chassis actuators. Chassis Tech Plus, München, 2018

[7] Raste, T. ; Tarraf, A.: Flachheitsbasierte Trajektoriengenerierung und Folgeregelung mit modellprädiktiver und modellfreier Regelung. VDI/VDE Fachtagung AUTOREG, Berlin, 2017

[8] Peussa, P.; Koskinen, S.; Varpula, T.; Nord, S.; Pesce, M.; Haas, T.; Nepote, A.; Hüsemann, T.; Tuononen, A.: Fahrzeugbasierte Schätzung des Reifen-Fahrbahn-Kontaktes im Fricti@n-Projekt. Aachener Kolloquium Fahrzeug und Motorentechnik, Aachen, 2008

[9] Andersson, M.; Bruzelius, F.; Casselgren, J.; Hjort, S.; Löfing, S.; Olsson, G.; Rönnberg, J.; Sjödahl, M.; Solyom, S.; Svendenius, J.; Yngve, S. : Road Friction Estimation, part II. Intelligent Vehicle Safety Systems (IVSS) Project Report, Sweden, November 2010

[10] Khaleghian, S.; Emami, A.; Taheri, S.: A technical survey on tire-road friction estimation. Friction, 123-146, 2017

[11] Carhs.training GmbH; Safety Companion, S.134, www.safetywissen.com, 2018.

[12] Johansen, T.; Fossen, T.I. : Control Allocation – A survey. Automatica 49, 2013, pp.1087-1103

[13] Andersson, A. : Road-Tire Friction Estimation for AFS Vehicle Control, Master Thesis, Lund University, 2006

[14] Prokes, J. :Realtime estimation of tyre-road friction for vehicle state estimator, Chalmers University, 2015

[15] Klempau, F.: Untersuchungen zum Aufbau eines Reibwertvorhersagesystems im fahrenden Fahrzeug, TU Darmstadt, 2003

Entstehung und Möglichkeiten zur Messung von Fein- und Ultrafeinstaub beim Bremsen

Christof Asbach[1], Ana Maria Todea[1],
Marco Zessinger[2], Heinz Kaminski[1]

1 Institut für Energie- und Umwelttechnik e. V. (IUTA), Bliersheimer Straße 58-60, 47229 Duisburg
2 Link Engineering, Am Fleckenberg 10, 65549 Limburg

1 Einleitung

Die Exposition gegenüber Feinstaub wird mit einer Vielzahl von Krankheitsfällen [1] und vorzeitigen Todesfällen [2] in Verbindung gebracht. Als Feinstaub bezeichnet man luftgetragene, lungengängige Partikel mit einem aerodynamischen Durchmesser kleiner als 10 µm (definiert über einen Vorabscheider, der bei 10 µm eine Abscheidung von 50% aufweist). Feinstaub wird auch als PM_{10} (particulate matter < 10 µm) bezeichnet. Feinstaubquellen können sowohl natürlichen als auch anthropogenen Ursprungs sein. Insbesondere der Straßenverkehr erregte in den vergangenen Jahren zunehmend Aufmerksamkeit, da dessen urbane Emissionen häufig in dicht besiedelten Gebieten ausgestoßen werden und so zu einer vergleichsweise hohen Belastung der Bevölkerung führen. Je nach Bebauung und Wetterlage kann zudem der Luftaustausch insbesondere in Straßenschluchten vermindert sein, sodass es zu einer Anreicherung der Konzentrationen kommt. Mit der ersten Tochterrichtlinie 1999/30/EG führte die EU erstmals verbindliche Grenzwerte für PM_{10} Konzentrationen ein, die seit dem 01.01.2005 einzuhalten sind. Demnach beträgt der Tagesgrenzwert (24 h Mittelwert) 50 µg/m³. Dieser darf an maximal 35 Tagen im Jahr überschritten werden.

In den letzten Jahren rückte zudem der sog. Ultrafeinstaub immer stärker in den Fokus. Hierbei handelt es sich um luftgetragene Partikel mit einer Größe unter 0,1 µm (100 nm), die tief in die Lunge eindringen und in den Lungenbläschen (Alveolen) abgeschieden werden können. Diese kleinen Partikel können bei gleicher Massendosis ggf. stärkere toxikologische Wirkungen hervorrufen als größere Partikel [3]. Da diese kleinen Partikel aber nur sehr geringe Massen besitzen, tragen sie kaum zur PM_{10} Massenkonzentration bei. Ultrafeine Partikel (UFP) werden daher üblicherweise über ihre Anzahlkonzentration quantifiziert, die zudem besser mit respiratorischen Effekten der Partikel korrelieren [4]. UFP können darüber hinaus die Blut-Luft-Schranke überwinden und mit dem Blut in andere Organe transportiert werden [5]. Typische Quellen für UFP sind insbesondere Verbrennungsprozesse, z. B. im Straßenverkehr [6] oder Hausbrand [7]. Aufgrund ihrer sehr geringen Massen können UFP sehr lange in der Luft verweilen, ohne zu sedimentieren und so über weite Strecken transportiert werden [8].

Konzentrierte man sich in der Vergangenheit überwiegend auf die Reduktion motorischer Feinstaubemissionen aus dem Straßenverkehr, verlagert sich mittlerweile der Fokus zunehmend auf die nicht-motorischen Emissionen wie Aufwirbelung von Straßenstaub, sowie Reifen- und Bremsenabrieb. Bremsstaub hat dabei gemäß Grigoratos und Martini [9] mit ca. 55% der nicht-motorischen Emissionen im innerstädtischen Bereich den stärksten Beitrag. Insgesamt macht Bremsstaub rund 21% der gesamten innerstädtischen Feinstaubemissionen aus. Da es sich bei Bremsstaubemissionen zudem zu einem großen Teil um metallische Partikel handelt, die reaktiv und damit toxisch sein können, besteht Handlungsbedarf, Bremsstaubemissionen zu reduzieren. Hierzu ist es zunächst nötig, die Partikelbildung beim Bremsen zu verstehen und geeignete Messaufbauten zu entwickeln, um die Freisetzung von Bremsstaub reproduzierbar quantifizieren zu können.

2 Partikelentstehung beim Bremsen

Generell lassen sich Partikelbildungsprozesse in drei Kategorien einteilen: 1) mechanische, 2) thermische und 3) chemische Prozesse. Für die Partikelentstehung beim Bremsen sind allerdings nur die mechanischen und thermischen Prozesse relevant. Bei der mechanischen Partikelbildung handelt es sich hier um einen Zerkleinerungsprozess („top-down“) durch Abrieb von Bremsbelag und Bremsscheibe. Da für eine zunehmende Zerkleinerung ein überproportional ansteigender Energieeintrag in die Partikel nötig ist, ergeben sich durch Abrieb in der Regel stabile Partikelgrößen im Mikrometerbereich [10]. Darüber hinaus können sich an den Oberflächen der Bremsscheibe und Bremsbeläge anhaftende Partikel, z. B. durch die Rotation der Scheibe oder durch Überströmung mit Luft loslösen und so in den luftgetragenen Zustand versetzt werden. Hierzu muss die auf das Partikel einwirkende externe Kraft größer sein als die Adhäsionskräfte, die das Partikel an der Oberfläche haften lassen. Eine wesentliche Rolle spielt dabei die sog. van-der-Waals Kraft. Hierbei handelt es sich um eine elektrostatische Kraft, die durch Dipolbildung im Partikel und in der Oberfläche entsteht. Die van-der-Waals Kraft zeigt dabei eine wesentlich schwächere Partikelgrößenabhängigkeit als z. B. die Zentrifugalkraft oder die Luftwiderstandskraft, die zur Loslösung eines Partikels führen können. Das bedeutet, dass die van-das-Waals Kraft mit abnehmendem Partikeldurchmesser zunehmend effektiv Partikel an Oberflächen bindet [11]. Durch Wiederablösung können somit im Wesentlichen nur Partikel im Mikrometerbereich freigesetzt werden. Die Ablösung ultrafeiner Partikel hingegen ist nahezu unmöglich.

Bei der thermischen Partikelentstehung handelt es sich um eine Partikelneubildung aus der Gasphase heraus. Für diese Form der Partikelbildung ist es notwendig, dass eine stark übersättigte Dampfphase vorliegt. In diesem Fall kommt es zunächst zur Bildung von Molekülclustern im sub-Nanometerbereich, die durch Kondensation des übersättigten Dampfes weiter anwachsen. Da es sich um den Aufbau von Partikeln Molekül für Molekül handelt („bottom up“) liegen die endgültigen Partikelgrößen typischerweise im Bereich von wenigen Nanometern. Bei diesem Prozess spricht man auch von Nukleation. Die Anzahlkonzentrationen der durch Nukleation gebildeten Partikel sind sehr hoch ($>10^9$ 1/cm³), sodass sie anschließend schnell agglomerieren. Die Nukleation führt unter bestimmten Voraussetzungen zur Partikelneubildung z. B. in der Atmosphäre [12] oder bei Verbrennungsprozessen [13], beispielsweise in bzw. hinter Verbrennungsmotoren [14]. Im Falle von Reibbremsen kommt es nur bei erhöhten Bremsentemperaturen zur Partikelbildung durch Nukleation. Überschreitet die Bremse ein kritisches Temperaturniveau können einzelne Bestandteile insbesondere des Bremsbelages verdampfen. Beim

Abtransport der Luft durch die Umströmung der Bremse kühlt die Luft ab, sodass es zur Übersättigung des Dampfes und damit zur Nukleation kommt. Bild 1 zeigt diesen Prozess schematisch. So haben Perricone et al. [15] in einem Bremsenprüfstand immer dann sehr hohe Konzentrationen von teilweise $>10^9$ $1/cm^3$ gemessen, wenn die Bremse bei entsprechender Belastung heiß wurde. Nosko et al. [16] nutzten neuartige Messtechnik um in einem „Pin-on-Disc System" größenaufgelöst die Konzentration von Nukleationspartikeln im Größenbereich von 1,3 nm bis 10 nm zu messen. Ihre Ergebnisse zeigen, dass sowohl für die untersuchten ECE als auch NAO Beläge die Konzentration dieser kleinen Partikel ab einer Bremsentemperatur von ca. 160°C stark ansteigt. Mit steigender Temperatur nimmt dabei der Anteil insbesondere der kleinsten gemessenen Partikel (1,3 nm - 4,4 nm) stark zu.

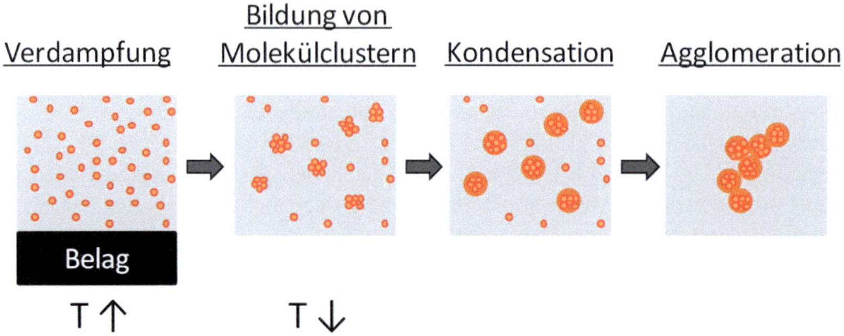

Bild 1: Schematische Darstellung der Partikelbildung in Bremsen durch Nukleation

Zusammenfassend lässt sich somit festhalten, dass beim Bremsen im Wesentlichen zwei Partikelfraktionen entstehen. Zum einen werden durch mechanische Prozesse Partikel im Mikrometerbereich und zum anderen durch Nukleation Partikel im unteren Nanometerbereich generiert.

3 Aerosolmesstechnik

Die beim Bremsen entstehenden luftgetragenen Partikel erstrecken sich über einen weiten Größenbereich von etwa 1 nm bis hin zu einigen zig Mikrometern. Partikel, die größer als 10 µm sind gelten nicht mehr als lungengängig und stellen somit im Wesentlichen ein kosmetisches Problem dar, da sie z. B. Felgen verschmutzen können. Hier sollen sie daher nicht weiter betrachtet werden. Der verbleibende Größenbereich von 1 nm bis 10 µm umfasst dennoch vier Größenordnungen. Um Partikel in einem derart weiten Größenspektrum erfassen zu können, wird unterschiedliche Partikelmesstechnik benötigt, die im Folgenden nach Messtechnik für Ultrafeinstaub und für Feinstaub untergliedert kurz dargestellt wird. Darüber hinaus können Partikel für anschließende gravimetrische, mikroskopische oder chemische Analysen gesammelt werden. Die dazu benötigten Sammler sind separat aufgeführt.

3.1 Messtechnik für Ultrafeinstaub

3.1.1 Kondensationspartikelzähler

Per Lichtstreuung lassen sich nur Partikel detektieren, die größer als etwa die halbe Wellenlänge des zur Detektion verwendeten Lichts sind. Um dennoch kleinere Partikel optisch detektieren zu können, lässt man diese in einem Kondensationspartikelzähler (CPC, engl. Condensation Particle Counter) zunächst durch Kondensation eines Dampfes auf den Partikeloberflächen zu Tropfen von einigen Mikrometern Durchmesser anwachsen, die dann wiederum durch Lichtstreuung detektiert werden können [17]. Als Dampfsubstanz kommen in herkömmlichen CPCs drei verschiedene Stoffe zum Einsatz. Die am häufigsten verwendete Flüssigkeit ist Butanol. Alternativ gibt es auch CPCs, die Wasser oder Isopropanol als Arbeitsmedium verwenden. Aktuell verfügbare CPC messen ab einer Partikelgröße zwischen 2,5 nm und 10 nm. CPCs, die für die Messung der Partikelanzahlkonzentration in Autoabgasen nach Euro 6 eingesetzt werden sind so eingestellt, dass der untere Grenzdurchmesser bei 23 nm liegt. Je nach Ausführung sind die verfügbaren CPCs für maximale Konzentrationen zwischen 10.000 $1/cm^3$ und 10.000.000 $1/cm^3$ einsetzbar. Einige der Geräte schalten dazu bei hohen Konzentration vom Einzelpartikelzählmodus in einen sog. photometrischen Modus um. Hierbei werden nicht mehr die von einzelnen Tröpfchen hervorgerufenen Streulichtimpulse gezählt, sondern das gesamte an einer Tröpfchenwolke gestreute Licht als Maß für die Partikelanzahlkonzentration gemessen. Während CPCs im Einzelzählmodus typischerweise mit einer Genauigkeit von ±10% spezifiziert, in der Regel aber durchaus besser sind [18], ist die Genauigkeit des photometrischen Modus üblicherweise nur mit ±20% angegeben.

Neuere Entwicklungen erlauben es mittlerweile auch, die CPC Technologie für Partikel bis hinunter zu 1 nm anzuwenden. Hierzu wird Diethylenglykol (DEG) als Arbeitsflüssigkeit für die Kondensation verwendet [19] [20]. Anders als Butanol oder Wasser kondensiert DEG bereits auf 1 nm großen Partikeln. Allerdings wachsen die Tropfen nur auf Größen um ca. 90 nm an, sodass diese noch nicht durch Lichtstreuung detektiert werden können. Mit DEG betriebene Kondensationseinheiten werden daher ausschließlich verwendet, um die Partikel in einer ersten Stufe auf eine Größe anwachsen zu lassen, die dann in einer zweiten Stufe mit einem herkömmlichen CPC detektierbar ist.

3.1.2 Elektrische Mobilitätsanalysatoren

Die Größe von Partikeln unterhalb der halben Wellenlänge des verwendeten Lichts lässt sich nicht mehr optisch bestimmen. Stattdessen wird in diesem Größenbereich die elektrische Mobilität von Partikeln ausgenutzt. Die elektrische Mobilität Z_p beschreibt die Fähigkeit von Partikeln sich in einem elektrischen Feld der Feldstärke E zu bewegen. Die resultierende Partikelgeschwindigkeit v_p ergibt sich zu:

$$\vec{v}_p = Z_p \cdot \vec{E} \tag{1}$$

Darin ist die elektrische Mobilität Z_p als Partikeleigenschaft gegeben durch:

$$Z_p = \frac{n \cdot e \cdot C_c(d_p)}{3\pi \cdot \eta \cdot d_p} \tag{2}$$

Hierin ist n die Anzahl an partikelgetragenen Elementarladungen e ($1{,}6022 \times 10^{-19}$ As), C_c der partikelgrößenabhängige Cunnighamfaktor, der zur Beschreibung der Widerstandskraft auf Partikel benötigt wird, η die Viskosität der Luft (17,1 µPas) und d_p die Partikelgröße. Die Anzahl der Elementarladungen und die Partikelgrößen sind somit die einzigen Variablen in Gleichung (2). Ist die Partikelladung bekannt, lässt sich somit durch die Messung der elektrischen Mobilität die Partikelgröße bestimmen.

Zur Bestimmung der Partikelgröße auf Basis der elektrischen Mobilität kommen differenzielle elektrische Mobilitätsklassierer (DEMC, differential electrical mobility classifier), in der Literatur auch als differential mobility analyzer (DMA) [21] bekannt, zum Einsatz. Im Betrieb wird einem DEMC ein Aerosolneutralisator vorgeschaltet, der eine Atmosphäre aus hohen Konzentrationen positiver und negativer Ionen erzeugt, wodurch die Partikel in ein bipolares Ladungsgleichgewicht gebracht werden. Die Ladungsverteilung der Partikel in Abhängigkeit der Partikelgröße ist somit bekannt [22] [23]. Zur Erzeugung der Ionen kommen traditionell radioaktive Betastrahler (^{85}Kr, ^{241}Am oder ^{210}Po), in jüngerer Zeit auch zunehmend weiche Röntgenstrahlung zum Einsatz. DEMCs existieren in unterschiedlichen Bauformen. Am häufigsten kommen jedoch koaxiale DEMCs vor. Diese bestehen aus einem Zylinderkondensator mit einer Innen- und einer Außenelektrode. Das Aerosol wird nahe der Außenelektrode eingeleitet. Zwischen dem Aerosolstrom und der Innenelektrode befindet sich ein partikelfreier Schleierluftstrom. Wird keine Spannung zwischen der Innen- und Außenelektrode angelegt, so bewegen sich die Partikel entlang der Außenelektrode. Wird hingegen eine Spannung angelegt, so wandern die Partikel einer Polarität in Richtung der Innenelektrode. Es ergeben sich somit Partikeltrajektorien aus der Überlagerung der radialen elektrostatischen und der longitudinalen Bewegung mit dem Luftstrom. Die radiale Bewegung ist durch Gleichung (2) gegeben. Der Ort, an dem die Partikel auf die Innenelektrode auftreffen ist somit eine Funktion der elektrischen Mobilität. Am, dem Einlass gegenüberliegenden, Ende des Klassierers befindet sich in der Innenelektrode ein schmaler Schlitz, durch den ein

Volumenstrom mit Partikeln einer einheitlichen elektrischen Mobilität abgesogen und deren Anzahlkonzentration mit einem CPC gemessen wird. Durch Variation der Spannung im DEMC lässt sich die erfasste elektrische Mobilität variieren. Unter Verwendung der bekannten Partikelladungsverteilung lässt sich aus der Mobilitätsverteilung der Partikel deren Anzahlgrößenverteilung bestimmen [24] [25]. Je nach verwendetem DEMC können so Partikelgrößen zwischen 2 nm und 1 µm erfasst werden. In einem Scanning Mobility Particle Sizer (SMPS) erfolgt die Variation der DEMC-Spannung kontinuierlich. Zur Bestimmung der Anzahlgrößenverteilung benötigen neueste SMPS unter einer Minute, herkömmliche Modelle hingegen mindestens zwei Minuten. Während der Messzeit darf sich die Anzahlgrößenverteilung der Partikel nicht signifikant ändern, was im Falle von Bremsstaubuntersuchungen allerdings nur bei Laboruntersuchungen z. B. an Pin-on-Disc Systemen ggf. gewährleistet ist. Bild 2a zeigt die schematische Darstellung eines SMPS. Zur Untersuchung dynamischer Aerosole, wie bei Bremsstaubmessungen an einem Bremsenprüfstand existieren dem SMPS ähnliche Messysteme. Diese verwenden eine spezielle Bauform eines DEMC. Hierin wird das Aerosol nahe der Innenelektrode eingeführt und die geladenen Partikel in einem nicht-variablen elektrischen Feld in Richtung der Außenelektrode transportiert. Die Außenelektrode besteht aus einer Aneinanderreihung von Ringelektroden. Jeder Ring repräsentiert eine bestimmte elektrische Mobilität und ist mit einem Elektrometer verbunden, der den durch die geladenen Partikel hervorgerufenen Strom kontinuierlich bestimmt. Durch Kenntnis der Partikelladung lässt sich somit aus dem Aufprallort die Partikelgröße und durch den Strom die Anzahlkonzentration bestimmen. Anders als beim SMPS werden hier also alle elektrischen Mobilitäten nicht nacheinander, sondern kontinuierlich gemessen, sodass sich eine wesentliche höhere zeitliche Auflösung ergibt. Um das Signal-zu-Rausch Verhältnis der Elektrometer zu verbessern, kommen in diesen Geräten unipolare Auflader zum Einsatz, die eine höhere Partikelladung bereitstellen, zum Einsatz. Hierdurch wird allerdings auch die Ladungsverteilung breiter, sodass größere Unsicherheiten bei der Umrechnung von der Mobilitäts- in die Anzahlgrößenverteilung entstehen [26]. Zudem zeigt die elektrische Mobilität für Partikel größer als ca. 200 nm nur noch eine sehr geringe Partikelgrößenabhängigkeit [27]. Diese Messtechnik ist als Fast Mobility Particle Sizer (FMPS, TSI Modell 3091), Engine Exhaust Particle Sizer (EEPS, TSI Modell 3090) und als DMS500 (Cambustion) kommerziell erhältlich. Das FMPS misst mit einer zeitlichen Auflösung von 1 s, EEPS und DMS500 mit 0,1 s. FMPS und EEPS decken dabei einen Partikelgrößenbereich von 5,6 nm bis 560 nm, DMS500 von 5 nm bis 2,5 µm ab. Der Aufbau der drei Messgeräte ist prinzipiell gleich und in Bild 2b gezeigt.

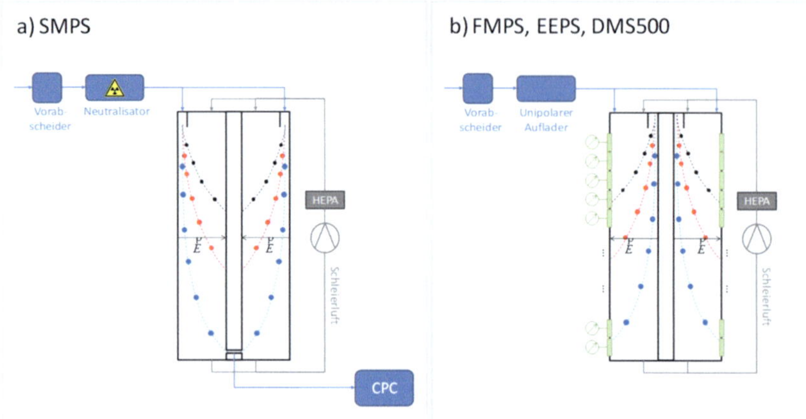

Bild 2: Schematische Darstellung (a) des SMPS und (b) des FMPS, EEPS und DMS500

3.2 Messtechnik für Feinstaub

3.2.1 Optische Aerosolspektrometer

Optische Aerosolspektrometer nutzen die Lichtstreuung durch Partikel, um deren Größe zu bestimmen. Hierzu wird das Aerosol durch ein Messvolumen geleitet, das unter einem Winkel von 90° von einer Lichtquelle beleuchtet wird. Die von einem Partikel hervorgerufene Streulichtintensität hängt neben der Partikelgröße auch von der Partikelform sowie vom Brechungsindex, also dem Partikelmaterial ab. Die Streulichtintensität folgt dabei keinem einfachen, monotonen Zusammenhang mit dem Durchmesser, sondern weist um eine Partikelgröße von etwa 1 µm herum Oszillationen auf, die für unterschiedliche Wellenlängen des verwendeten Lichts unterschiedlich ausfallen können. Viele mit monochromatischem Licht arbeitende optische Aerosolspektrometer weisen daher in diesem Größenbereich größere Unsicherheiten auf. Manche Hersteller verwenden aus diesem Grund Weißlichtquellen, da sich die Oszillationen damit z. T. vermeiden lassen.

Zur Bestimmung der Anzahlgrößenverteilung werden die Streulichtintensitäten der einzelnen Partikel registriert und die Partikel in entsprechende Größenklassen einsortiert. Anhand der Anzahl der Streulichtereignisse wird die Anzahlkonzentration der Partikel je Größenklasse bestimmt. Befinden sich in einer Messzelle zwei oder mehr Partikel, so kann das von diesen hervorgerufene Streulicht nicht differenziert werden, sodass diese Partikel als ein einziges großes Partikel gewertet werden. Die Wahrscheinlichkeit dieses sog. Koinzidenzfehlers steigt mit größer werdendem Messvolumen. Übliche optische Aerosolspektrometer messen ab einer Partikelgröße von ca. 0,3 µm. Die obere Grenze liegt je nach Geräteausführung typischerweise zwischen 10 µm und 20 µm. Bei unbekanntem Partikelmaterial wird die Größenverteilung häufig basierend auf dem Polystyrol Latex (PSL) Äquivalenzdurchmesser angegeben. PSL Partikel werden üblicherweise zur Kalibrierung der Geräte eingesetzt. Liegen entsprechende Kalibrierdaten für das reale Aerosol vor, können auch realitätsnähere Größen angegeben, sowie unter Berücksichtigung der Partikeldichte Massenkonzentrationen berechnet werden.

3.2.2 Aerodynamische Flugzeitspektrometer

In einem aerodynamischen Flugzeitspektrometer (APS, engl. Aerodynamic Particle Sizer [28], TSI Modell 3321) werden die eingesogenen Partikel zunächst in einer Düse beschleunigt. Aufgrund ihrer Trägheit werden kleine Partikel stärker beschleunigt als große. Der Effekt ist zudem von der Partikeldichte und somit vom aerodynamischen Durchmesser der Partikel abhängig. Die Bestimmung der Partikelgröße erfolgt durch Messung der größenabhängigen Partikelgeschwindigkeit hinter der Düse. Das APS misst im Partikelgrößenbereich von ca. 0,7 µm bis 20 µm. Die zeitliche Auflösung ist ab 1 s einstellbar.

3.2.3 Impaktorbasierte Messtechnik

Zur Abscheidung oder Sammlung von Partikeln können sog. Impaktoren eingesetzt werden. In einem Impaktor wird das Aerosol in einer Düse beschleunigt und auf eine senkrecht zur Strömungsrichtung angeordnete Prallplatte geleitet. Es bildet sich ein Staupunktströmungsprofil aus, welches die Luft um die Prallplatte herumleitet. Während kleinere Partikel den Strömungslinien um die Prallplatte gut folgen können, weichen größere Partikel aufgrund ihrer Trägheit von den Strömungslinien ab und werden auf der Prallplatte abgeschieden. Der aerodynamische Grenzdurchmesser d_{50}, bei dem 50% der Partikel abgeschieden werden, lässt sich anhand des Volumenstroms, der Düsengeometrie und -größe sowie dem Abstand von Düse zur Prallplatte gut vorhersagen. Durch Kaskadierung mehrerer Impaktorstufen mit in Strömungsrichtung abnehmenden Grenzdurchmessern d_{50} lassen sich auf den einzelnen Prallplatten größenfraktionierte Proben sammeln, die z. B. für nachfolgende chemische oder elektronenmikroskopische Analysen herangezogen werden können. Derartige Kaskadenimpaktoren existieren in vielfältigen Ausführungen mit zwischen zwei und ca. 15 Impaktorstufen mit Grenzdurchmessern zwischen etwa 20 nm und 10 µm. Mit diesen Impaktoren können also auch Informationen zu ultrafeinen Partikeln bestimmt werden. Durch Abscheidung der hinter dem Kaskadenimpaktor verbleibenden Partikel auf einem Filter können auch Informationen zu noch kleineren Partikeln erhalten werden.

Derzeit existieren zudem zwei Kaskadenimpaktoren, die in der Lage sind, die Menge der auf den einzelnen Stufen abgeschiedenen Partikel in Echtzeit zu bestimmen und als Konzentration auszugeben, um so die Größenverteilung zu bestimmen. Der große Vorteil direktanzeigender Kaskadenimpaktoren gegenüber den oben vorgestellten Verfahren liegt darin, dass diese Geräte basierend auf demselben Messprinzip einen sehr weiten Partikelgrößenbereich, abdecken. Der Nachteil liegt in der aufgrund der begrenzten Anzahl an Impaktorstufen geringeren Größenauflösung.

Der Quarzkristall-Mikrowaagen-Impaktor (QCM MOUDI, Modell 140, MSP - a TSI company) gehört zu der Familie der MOUDI (Micro Orifice Uniform Deposit Impactor) Kaskadenimpaktoren, die durch Verwendung einer hohen Anzahl sehr dünner Düsen je Impaktorstufe eine homogene Belegung der Prallplatten gewährleisten [42]. Der QCM MOUDI nutzt die Änderung der Resonanzfrequenzen von Quarzkristallen auf den Impaktorstufen, um daraus in Echtzeit die Massen der deponierten Partikel zu bestimmen [43]. Im QCM MOUDI werden zunächst alle Partikel, die einen aerodynamischen Durchmesser größer als 2,5 µm besitzen, entfernt. Der Kaskadenimpaktor besteht aus sechs Stufen mit Grenzdurchmessern von 960 nm, 510 nm, 305 nm, 156 nm, 74 nm und 45 nm. Der QCM MOUDI erfasst die Daten der einzelnen Impaktorstufen intern mit einer zeitlichen Auflösung von 1 s. Je nach Partikelkonzentration werden aber Mittelungszeiten von wenigen Minuten benötigt, um ausreichend Masse für eine verlässliche Bestimmung der Größenverteilung zu sammeln.

Im elektrischen Niederdruckimpaktor (Electrical Low Pressure Impactor, ELPI oder ELPI+, Dekati [29]) werden die eingesogenen Partikel zunächst in einem Auflader elektrisch unipolar aufgeladen. Jede einzelne Impaktorstufe ist mit einem empfindlichen separaten Elektrometer verbunden, das den jeweiligen durch die Deposition der geladenen Partikel hervorgerufenen Strom misst. Durch Kenntnis der partikelgrößenabhängigen mittleren Ladung pro Partikel werden aus den Strömen der einzelnen Impaktorstufen die jeweiligen Anzahlkonzentrationen für die betreffenden Partikelgrößenbereiche und somit die Anzahlgrößenverteilung ermittelt. Das aktuelle Modell ELPI+ verfügt über insgesamt 15 Impaktorstufen mit Grenzdurchmessern zwischen 0,016 µm und 10 µm sowie eine nachgeschaltete Filterstufe. Damit gibt das ELPI+ die Größenverteilung in 14 Größenklassen zwischen 6 nm (aus der Filterstufe) und 10 µm heraus. In der Version High-Resolution ELPI+ wird die Größenverteilung durch Verwendung eines Auswertealgorithmus in insgesamt 500 Größenklassen ausgegeben. Die minimale zeitliche Auflösung beträgt 1 s.

3.3 Partikelsammler

Zur gravimetrischen Bestimmung von Massenkonzentrationen oder zur chemischen Analyse können Partikel auf Filtern gesammelt werden. Soll der Größenbereich z. B. auf den Bereich des Feinstaubs (PM_{10}) eingeschränkt werden, können entsprechende einstufige Impaktoren zum Einsatz kommen, um zu große Partikel zu entfernen. Zur Bestimmung der Massenkonzentration werden die Filter zunächst in einem klimatisierten Wägeraum konditioniert und erstmals gewogen. Nach der Beprobung werden die Filter erneut konditioniert und gewogen. Aus der Massenzunahme des Filters ergibt sich die abgeschiedene Partikelmasse und mit dem beprobten Luftvolumen die mittlere Massenkonzentration während der Probenahmedauer. Nach der Wägung lassen sich die Filter weiterhin chemisch analysieren, um die Inhaltsstoffe der gesammelten Partikel zu bestimmen. Für die anschließende elektronenmikroskopische Analyse der Partikel können auch ggf. goldbedampfte Membranfilter zum Einsatz kommen, welche die Partikel auf der glatten Oberfläche der Membran abscheiden. Alternativ zur Sammlung der Partikel auf Membranfiltern, können Partikel für die elektronenmikroskopische Auswertung auch auf anderen glatten Oberflächen abgeschieden werden. Hierzu eignen sich beispielsweise Fragmente von Einkristallwafern. Um die Partikel auf diesen Fragmenten abzuscheiden, werden sie zunächst unipolar aufgeladen und dann in einem elektrischen Feld auf die Oberfläche des Waferfragments fokussiert. Dixkens und Fissan haben hierzu einen elektrostatischen Abscheider entwickelt [30], der mittlerweile als Nanometer Aerosol Sampler (NAS, TSI Modell 3089) kommerzialisiert wurde.

4 Probenahme am Prüfstand

Neben der geeigneten Messtechnik wird für die Quantifizierung von Bremsstaub ein Messaufbau benötigt, der es erlaubt, repräsentativ und reproduzierbar zu messen. Da die Messung im Fahrzeug durch sehr viele Fehlerquellen, z. B. durch die unbekannte Umströmung der Bremse und den Eintrag von Fremdpartikeln stark beeinflusst werden kann, konzentrieren sich die bisher durchgeführten Studien weitgehend auf Messungen an Bremsenprüfständen. Der Repräsentativität der Messung liegen im Wesentlichen zwei Anforderungen zugrunde. Einerseits sollen die durchgeführten Bremsungen möglichst realen Bedingungen entsprechen. Hierzu sind ggf. anerkannte und standardisierte Fahrzyklen (z. B. WLTP, US City Traffic) heranzuziehen. Zum anderen müssend die Messgeräte den freigesetzten Staub repräsentativ erfassen. Letztere Anforderung stellt eine große Herausforderung dar, da freigesetzte Partikel von der rotierenden Bremsscheibe tangential weggeschleudert werden. Größere Partikel mit entsprechend hoher Masse können aufgrund ihrer Trägheit insbesondere bei höheren Rotationsgeschwindigkeiten weit von der Scheibe wegtransportiert werden, während kleine, weniger träge Partikel nur kurze Distanzen zurücklegen. Es kann also aufgrund der Scheibenrotation zu einer räumlichen Auftrennung der Partikelgrößen kommen, sodass eine punktuelle Probenahme zu keiner repräsentativen Messung des freigesetzten Staubs führt. Um eine repräsentative Probenahme zu gewährleisten, muss die gesamte Bremse, ggf. inklusive Achsschenkel eingehaust, und die Bremse mit einem ausreichend hohen Luftstrom überströmt werden, um die freigesetzten Partikel abzutransportieren. Für diesen Luftstrom eignet sich beispielsweise die üblicherweise vom Prüfstand bereitgestellte Kühlluft. Die Einhausung muss zudem ausreichend groß sein, um zu verhindern, dass die von der Bremsscheibe tangential abtransportierten Partikel aufgrund ihrer Trägheit an der Wand abgeschieden werden. Ijima et al. [31] publizierten 2007 einen Aufbau, der zwar eine gezielte Überströmung der Bremse mit der Kühlluft eines Prüfstandes vorsah, aber keine Einhausung der Bremse. Sie nutzten ihren Aufbau, um mit einem Kaskadenimpaktor Informationen zur partikelgrößenaufgelösten chemischen Zusammensetzung der Partikel zu erhalten. Wahlström et al. veröffentlichten im Jahr 2009 [32] einen Aufbau, der eine Einhausung der Bremse vorsah, um somit repräsentativer messen zu können. In diesem Prüfaufbau wird zwar gefilterte Frischluft hinzugegeben, aber nicht gezielt zur Überströmung der Bremse genutzt. In ihrer Studie nutzten sie ein optisches Aerosolspektrometer um die Anzahlgrößenverteilung im Bereich 0,3 µm - 10 µm, sowie einen CPC, um die gesamte Anzahlkonzentration von Partikeln >20 nm zu messen. Einen ähnlichen Aufbau nutzten Kukutchová et al. 2011 [33], um mithilfe eines SMPS und eines APS die Anzahlgrößenverteilungen des freigesetzten Staubs im Bereich von etwa 15 nm bis 20 µm zu messen. Darüber hinaus verwendeten sie einen Kaskadenimpaktor, um größenfraktioniert Partikel zu sammeln und gravimetrisch deren Masse zu bestimmen. Perricone et al. [15] präsentierten 2015 erstmals einen Aufbau, der nicht nur eine Einhausung der Bremse, sondern auch eine gerichtete Überströmung der Bremse mit einem gefilterten Kühlvolumenstrom zwischen 500 m³/h und 2.500 m³/h vorsah. In ihrem Aufbau strömt die Luft seitlich in die Einhausung ein und verlässt diese oberhalb der Bremse. Der Aufbau von Perricone et al. sieht erstmals eine isokinetische Staubprobenahme vor. Diese ist hier nötig, da der gesamte Luftvolumenstrom durch die Einhausung um ein Vielfaches höher ist als der Probenahmevolumenstrom der verwendeten Messtechnik. Zur Messung der Größenverteilung kam ein ELPI+ zum Einsatz. Zudem wurde ein eigens entwickelter Fahrzyklus verwendet, der Verkehr in der Stadt, auf dem Land, auf Autobahnen sowie beim Bergabfahren simulieren sollte, wobei Bremsscheibentemperaturen zwischen 100°C und 350°C auftraten.

Unter Zugrundelegung der Anforderungen an eine repräsentative Messung von Bremsstaubemissionen und unter Berücksichtigung der bereits publizierten Studien wurde am Institut für Energie- und Umwelttechnik ein Messaufbau (s. Bild 3) und gemeinsam mit der Fa. Link Engineering ein standardisierbarer Fahrzyklus entwickelt.

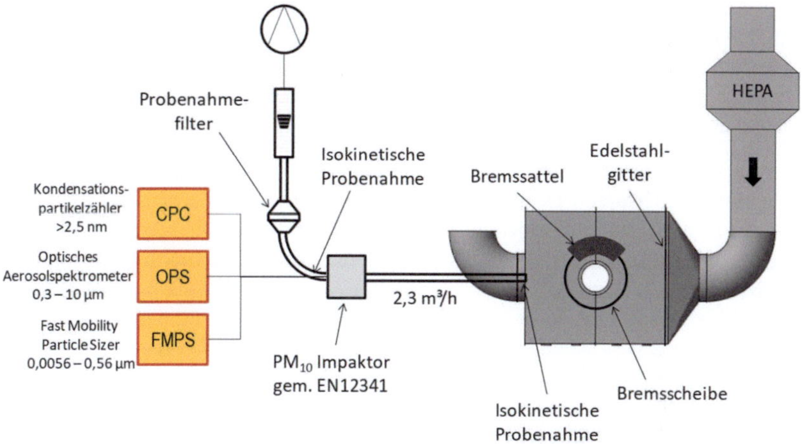

Bild 3: Messaufbau zur Bestimmung der Bremsstaubemissionen an einem Schwungmassenprüfstand

Der Messaufbau ist konzipiert für die Verwendung an einem klimatisierten Schwungmassenprüfstand der Fa. Link, ist aber generell auch auf andere Prüfstände adaptierbar. Der Messaufbau beinhaltet eine vollständige Einhausung der Bremse. Diese Einhausung wird horizontal von der vom Bremsenprüfstand bereitgestellten Kühlluft durchströmt. Um eine möglichst geringe Hintergrundbelastung der Einhausung mit Partikeln sicherzustellen, wird die Zuluft über einen HEPA Filter der Klasse H13 gefiltert. Die Luftzuführung in die ansonsten quaderförmig (H × B × T 1010 mm × 920 mm × 565 mm) ausgelegte Einhausung erfolgt über einen konischen Einlass. Um eine homogene Durchströmung der Einhausung zu gewährleisten, befindet sich am Auslass des Konus ein Edelstahlgitter, das einen geringen Strömungswiderstand darstellt und so durch eine leichte Staupunktströmung vor dem Gitter für eine Homogenisierung innerhalb der Einhausung sorgt. Die Auswahl des Gitters erfolgte unter Zuhilfenahme von numerischer Strömungssimulation. Horizontal gegenüber dem Einlass wird die Luft aus der Kammer abgesogen. Innerhalb der Einhausung ist die Bremse derart montiert, dass der Bremssattel horizontal ausgerichtet ist, um eine möglichst geringe Beeinflussung der Strömung durch den Bremssattel zu gewährleisten. Durch numerische Strömungssimulation wurden die Partikeltrajektorien berechnet, die sich durch Überlagerung der Trägheitsbewegung tangential von der Bremse weggeschleuderter Partikel und der Strömung innerhalb der Einhausung ergeben. So wurde abgeschätzt, welche Volumenströme an Kühlluft benötigt werden, um die Partikel mit der Strömung aus der Einhausung auszutragen. Der Fokus der Untersuchungen soll dabei auf PM_{10} sowie ultrafeinen Partikeln liegen. Die Simulationen ergaben, dass bei einer angenommenen Fahrgeschwindigkeit von 100 km/h ein Volumenstrom von mindestens 500 m^3/h nötig ist, um Partikel mit einem aerodynamischen Durchmesser von 10 µm vollständig zu erfassen. Bei höheren Fahr- und also Rotationsgeschwindigkeiten der Bremse bzw. zur Erfassung auch größerer Partikel sind höhere Volumenströme am Bremsenprüfstand einstellbar.

Gemäß VDI2066 Blatt 1 sollte nach Möglichkeit immer ein Abstand von mindestens dem fünffachen hydraulischen Durchmesser des Staubkanals zwischen der Probenahme und der letzten Richtungs- oder Querschnittänderung des Kanals liegen, um die Ausbildung eines bekannten, im Falle einer laminaren Strömung parabolischen Strömungsprofils zu gewährleisten. Aufgrund der beengten Platzverhältnisse im Bremsenprüfstand war dies hier nicht möglich. Die isokinetische Probenahme für die nachgeschaltete Messtechnik erfolgt daher direkt in der Auslassebene der Einhausung, da hier von einer Pfropfenströmung ausgegangen werden kann. Somit kann die Strömungsgeschwindigkeit als bekannt angenommen und eine für die jeweiligen Kühl- und Probenahmevolumenströme geeignete Sonde ausgewählt werden. Der Probenahmevolumenstrom beträgt 2,3 m^3/h (=38,3 l/min). Dieser wird benötigt, um einen nachgeschalteten PM_{10} Impaktor (Fa. Comde-Derenda) gemäß DIN EN 12341 zu betreiben, der alle Partikel, die nicht der Feinstaubdefinition entsprechen, entfernt. Hinter dem Impaktor folgt eine zweite isokinetische Probenahmesonde, welche dem Gesamtvolumenstrom einen Teilstrom für die direktanzeigenden Messgeräte entnimmt. Der verbleibende Volumenstrom wird durch einen Probenahmefilter geleitet, der gravimetrisch zur Bestimmung der mittleren Massenkonzentration ausgewertet werden kann. Als direktanzeigene Geräte kommen ein Fast Mobility Particle Sizer (FMPS, TSI Modell 3091) und ein optisches Aerosolspektrometer (OPS; TSI Modell 3330) zum Einsatz, um die Anzahlgrößenverteilungen im Größenbereich von 5,6 nm bis 10 µm mit einer Zeitauflösung von 1 s zu messen. Darüber hinaus wird ein Kondensationspartikelzähler (UCPC, TSI Modell 3776) verwendet, um die Gesamtanzahlkonzentration der Partikel >2,5 nm zu bestimmen. Je nach Bremsentemperatur und daraus resultierender Partikelkonzentration, kann den direktanzeigenden Messgeräten ein Verdünnungssystem vorgeschaltet werden, um die Konzentrationsmessbereiche der Geräte nicht zu überschreiten. Die Messgeräteauswahl ist so gewählt, dass durch die Messung der Größenverteilungen einerseits möglichst viele Informationen zu den freigesetzten Partikeln erhalten werden. Andererseits wird eine mögliche zukünftige Regulierung von Bremsstaubemissionen voraussichtlich keine Bestimmung der Größenverteilung, sondern ähnlich wie in den Euro Normen für Abgase lediglich die Messung der Gesamtanzahl- und/oder Massenkonzentration vorsehen. Dies kann durch die Verwendung eines CPC für die Anzahlkonzentration und eines Probenahmefilters für die Massenkonzentration gewährleistet werden.

Um für die reale Freisetzung auf der Straße repräsentative Versuche durchführen und daraus zuverlässige Emissionsfaktoren ermitteln zu können, wird ein Fahrzyklus benötigt, der die realen Verhältnisse möglichst gut abbildet. Für die Bestimmung des Kraftstoffverbrauchs und der Abgasemissionen wurden von Experten der Europäischen Union, Japans und Indiens WLTP (Worldwide Harmonized Light Vehicle Test Protocol) Zyklen für drei unterschiedliche Fahrzeugklassen entwickelt, die in der EU für die Typprüfung neuer Modelle und Motoren seit dem 01. September 2017 und für neu zugelassene Fahrzeuge seit dem 01. September 2018 verbindlich sind. Der hier zugrundegelegte Zyklus WLTP3b für Fahrzeuge mit mehr als 34 kW/t dauert insgesamt 1800 s und ist in vier Phasen unterteilt: Low, Medium, High und Extra High. Die Maximalgeschwindigkeiten betragen 56,5 km/h (Low), 76,6 km/h (Medium), 97,4 km/h (High) und 131,3 km/h (Extra High). Insgesamt simuliert der Zyklus eine Fahrstrecke von 23,262 km und erlaubt dabei die Untersuchung der Freisetzung sowohl im städtischen Umfeld (Low), als auch auf Landstraßen (Medium und High) sowie auf Autobahnen (Extra High). Der gesamte Prüfzyklus zur Ermittlung der Bremsstaubemissionen ist so aufgebaut, dass zunächst zum Betten der Bremsen das AK Master Programm verwendet und dann nacheinander zehn WLTP Zyklen à 1800 s gefahren werden. Sowohl vor als auch zwischen den Zyklen wird jeweils gewartet, bis sich die Bremsscheibe auf 50°C abgekühlt hat, um jeweils gleiche Startbedingungen zu erhalten. Durch die insgesamt zehnmalige Wiederholung des WLTP Zyklus erhält man innerhalb eines Durchlaufs ausreichend Daten, um Aussagen über die statistische Sicherheit der Ergebnisse für die untersuchte Bremse zu machen.

5 Ergebnisse

Mit dem oben beschriebenen Aufbau wurde mittlerweile eine Vielzahl von Messreihen durchgeführt. Bild 4 zeigt exemplarisch Ergebnisse einer Messreihe an einer linken Vorderradbremse eines SUV. Die obere Grafik in Bild 4 zeigt den zeitlichen Verlauf der Bremsscheibentemperatur während der zehn WLTP Zyklen. Man erkennt, dass diese ausgehend von der Anfangstemperatur von 50°C immer weiter ansteigt. Während dieser Anstieg in der „Low“ Phase noch eher moderat ist und Temperaturen von max. etwa 100°C erreicht werden, steigen diese in den Phasen „Medium“ und „High“ deutlich stärker an und erreichen Werte um 180°C. Die ersten Bremsungen in der „Extra High“ Phase werden mit eher niedrigen Bremsdrücken durchgeführt, sodass die Temperatur anfänglich im Mittel leicht sinkt. Zum Abschluss des WLTP Zyklus erfolgt jedoch eine starke Abbremsung von einer Geschwindigkeit von 131,3 km/h auf 0 km/h, bei der sich die Bremse auf etwa 230°C erhitzt. Der Temperaturverlauf ist während aller zehn WLTP Zyklen nahezu identisch, lediglich beim ersten Durchlauf ergaben sich teilweise etwas geringere Temperaturen. Der genaue Grund hierfür ist nicht endgültig geklärt, liegt aber vermutlich im zuvor durchgeführten AK Master Programm zum Betten der Bremse.

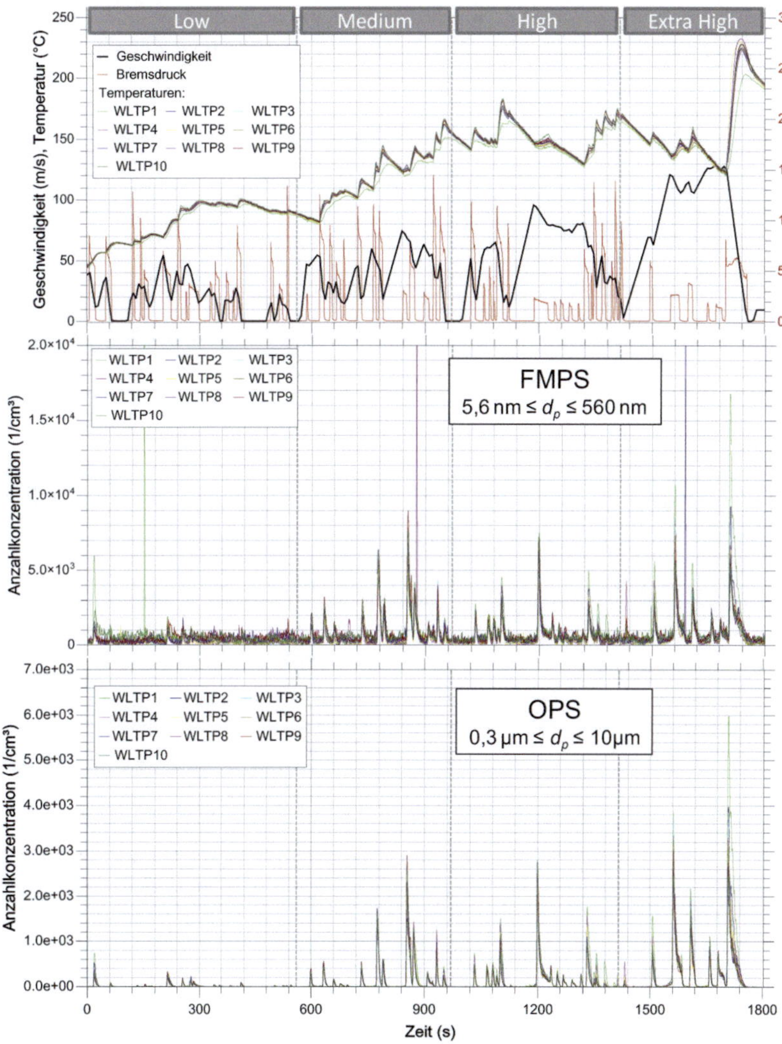

Bild 4: Bremsscheibentemperatur, Bremsdruck und Fahrgeschwindigkeit (oben), Anzahlkonzentration gemessen mit FMPS (Mitte) und OPS (unten) während zehn WLTP Zyklen

Die mit dem FMPS gemessene Anzahlkonzentration der Partikel ist in der mittleren Abbildung in Bild 4 gezeigt. Diese Abbildung zeigt deutlich, dass während der ersten „Low“ Phase kaum ultrafeine Partikel freigesetzt werden. Erst beim Anstieg der Bremsentemperatur im „Medium“ Block kommt es zu deutlichen Anstiegen der Anzahlkonzentration im Messbereich des FMPS. Diese fallen umso höher aus, je höher die Bremsentemperatur ist, bzw. je länger der Bremsdruck appliziert wird. Einen generell ähnlichen Verlauf zeigt die mit dem optischen Aerosolspektrometer (OPS) gemessene Anzahlkonzentration in der unteren Grafik in Bild 4.

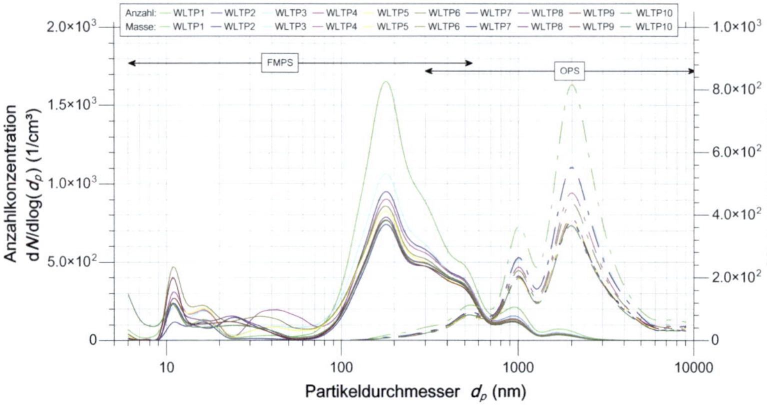

Bild 5: Anzahl- und Massengrößenverteilungen, jeweils als Mittelwert während zehn aufeinander folgender WLTP Zyklen à 1800 s (Anzahl: durchgezogene Linie, Masse: strichpunktierte Linie)

Wie aus den in Bild 5 dargestellten, über die einzelnen WLTP Zyklen gemittelten Anzahlgrößenverteilungen erkennbar ist, liegt das Gros der Partikelanzahl bei einer Größe von ca. 180 nm. Diese stammen vermutlich aus Abriebsprozessen. Sehr kleine, ca. 10 nm große Partikel entstehen lediglich ganz am Ende des Zyklus, wenn die Temperatur kurzzeitig so stark ansteigt, dass es zur Nukleation kommt. Durch die Mittelung in der in Bild 5 dargestellten Größenverteilungen machen sich diese hier allerdings nur noch als kleiner Peak bei ca. 10 nm bemerkbar. Die Massenkonzentration setzt sich hingegen im Wesentlichen aus Partikeln mit Größen um 2 µm zusammen. Zur Bestimmung der Massenkonzentration wurde für die Partikel ein mittlere effektive Dichte von 3.350 kg/m³ angenommen, die zuvor aus der Korrelation der gravimetrisch bestimmten Massenkonzentration und der aus den Größenverteilungen berechneten Partikelvolumenkonzentration ermittelt wurde. Die mit dem FMPS und dem OPS gemessenen Anzahlkonzentrationen sowie die Anzahlgrößenverteilungen in Bild 5 zeigen, dass die Partikelbildung gut reproduzierbar ist, lediglich bei der ersten Messung entstanden höhere Konzentrationen als bei den übrigen Messungen. Dies ist vermutlich auf einen etwas anderen Bremsenzustand nach der vorherigen Bettung nach dem AK Master Protokoll zurückzuführen und konnte wiederholt in den durchgeführten Messreihen beobachtet werden. Lässt man diese erste Messung außen vor, so ergibt sich bei dem verwendeten Kühlluftvolumenstrom eine mittlere gesamte Anzahlkonzentration von $(561{,}7 \pm 61{,}17)$ $1/cm^3$ und eine mittlere Massenkonzentration von $(218{,}0 \pm 31{,}34)$ $\mu g/m^3$. Legt man die mit dem WLTP Zyklus simulierte Fahrstrecke von 23,262 km zugrunde, so ergeben sich aus diesen Werten für die untersuchte Vorderradbremse mittlere Emissionsfaktoren von $(1{,}93 \pm 0{,}21)\times 10^{10}$ 1/km bzw. $(7{,}44 \pm 1{,}07)$ mg/km. Unter der Annahme, dass beim Bremsen etwa 2/3 der Last auf den Vorder- und 1/3 auf den Hinterrädern liegt und sich diese Lastverteilung in gleichem Maße in der Staubemission niederschlägt, sind diese Werte mit einem Faktor 3 zu multiplizieren, um die Freisetzung aller Bremsen am Fahrzeug zu ermitteln. Somit ergeben sich entsprechende Emissionsfaktoren von etwa $5{,}8\times 10^{10}$ 1/km bzw. 22,3 mg/km. Diese Werte liegen oberhalb der Emissionsfaktoren, die in der Literatur für Bremsstaub als Grundlage für die Modellierung von Feinstaubkonzentrationen und deren Ausbreitung in der Umwelt zu finden sind. Diese liegen für Kraftfahrzeuge überwiegend im Bereich zwischen 6 mg/km und 8 mg/km [9] und sind als Mittelwerte über die gesamte Fahrzeugflotte angegeben. Hierzu ist allerdings zu bedenken, dass es sich bei den Literaturwerten um die Freisetzung von Bremsstaub aus Fahrzeugen in die Luft handelt, wohingegen hier die Freisetzung ausschließlich aus den Bremsen untersucht wird, mit dem Ziel, diese möglichst vollständig zu erfassen. Infolge der Freisetzung während einer realen Fahrt werden die Partikel zum einen tangential von der Bremse weggeschleudert und sind zudem einer komplexen durch die Rotation des Rades sowie den Fahrtwind hervorgerufenen Luftströmung ausgesetzt. Hierdurch kann es zur erheblichen Partikelabscheidung durch Trägheit im Radkasten, am Rad sowie auf der Straße kommen, sodass nur ein Teil der von der Bremse abgegebenen Partikel auch tatsächlich in die Luft gelangen. Hierin liegt ein wesentlicher Unterschied der Bremsenemissionen zu motorischen Emissionen, die durch den Auspuff als gefasste Quelle direkt in die Umgebungsluft abgegeben werden. Verglichen mit den nach der Euro 6 Norm verbindlichen Emissionsgrenzwerten von 6×10^{11} 1/km bzw. 4,5 mg/km lässt sich jedoch bereits abschätzen, dass die durch die Bremsen pro Kilometer emittierte Partikelanzahl während eines WLTP Zyklus deutlich niedriger, die Partikelmasse hingegen zumindest in der gleichen Größenordnung liegt wie die motorischen Emissionen.

6 Zusammenfassung

Im Rahmen der Möglichkeiten zur Verbesserung der Luftqualität insbesondere in urbanen Gebieten wird der Emission von Bremsstaub eine immer größere Bedeutung beigemessen. Die quantitative Bestimmung der Bremsenemissionen stellt dabei eine große Herausforderung dar, denn zum einen sind die freigesetzten Partikelkonzentrationen und Partikelgrößen stark vom Zustand der Bremse abhängig. Zum andern kommt erschwerend hinzu, dass die Partikel infolge ihrer Freisetzung von der Bremsscheibe durch Trägheit sowie Luftströmungen wegtransportiert werden. Eine punktuelle Probenahme kann somit keine repräsentativen Ergebnisse liefern. In der Vergangenheit haben mehrere Institutionen entsprechende Messaufbauten entwickelt, um damit an Bremsenprüfständen die Partikelemissionen von Bremsen quantifizieren zu können. Diese Studien wurden hier aufgegriffen und ein neuer Prüfaufbau entwickelt, der die reproduzierbare Bestimmung der Staubemissionen aus Bremsen an einem Schwungmassenprüfstand erlaubt. Dieser Prüfstand wurde gemeinsam mit einem Überblick über die generell geeignete Aerosolmesstechnik in diesem Artikel vorgestellt. Ebenso wurde ein standardisierbares, an den WLTP Zyklus angelehntes Prüfprotokoll entwickelt. Dieser sieht vor, dass nach dem Betten der Bremsen zehnmal nacheinander der WLTP Zyklus mit einer Dauer von je 1800 s durchgefahren wird und dabei auf einer simulierten Fahrstrecke von je 23,262 km Bremsungen durchführt, die das Bremsen in urbanem Gebiet, auf Landstraßen und auf Autobahnen widerspiegeln. Der Prüfaufbau wurde vielfach getestet und validiert und liefert plausible und reproduzierbare Ergebnisse. Die verwendete Messtechnik ist so gewählt, dass sowohl Informationen zur Partikelanzahl- und Partikelmassenkonzentration sowie zu deren Größenverteilungen erhalten werden können. Der Prüfaufbau ist somit flexibel sowohl für Forschungsaufgaben als auch für zukünftige regulatorische Messungen einsetzbar.

7 Literaturverzeichnis

[1] D. W. Dockery, C. A. Pope, „Acute respiratory effects of particulate air pollution," *Ann.Rev. Pub. Health,* **15**: 107-132, 1994

[2] D. Dockery, A. Pope, X. Xu, J. Spengler, J. Ware, M. Fay, B. Ferris, F. Speizer, „An association between air pollution and mortality in six U.S. cities," *New Engl. J. Med.,* **329**: 1753-1759, 1993

[3] G. Oberdörster, „Toxicology of ultrafine particles: in vivo studies," *Phil. Trans. R. Soc. A,* **358**: 2719-2740, 2000

[4] A. Peters, H. Wichmann, T. Tuch, J. Heinrich, J. Heyder, „Respiratory effects are associated with the number of ultrafine particles," *Am. J. Resp. Crti.Care Med.,* **155**: 1376-1383, 1997

[5] W. Kreyling, M. Semmler-Behnke, W. Möller, „Ultrafine particle-lung interactions: Does size matter?," *J. Aerosol Med.* **19**: 74-83, 2006

[6] Y. Zhu, W. Hinds, S. Kim, C. Sioutas, „Concentration and size distribution of ultrafine particles near a major highway," *J. Air Waste Manag. Assoc.* **52**:. 1032-1042, 2002

[7] M. Chang, J. Chow, J. Watson, P. Hopke, S. Yi und G. England, „Measurement of ultrafine particle size distributions from coal-, oil-, and gas-fired stationary combustion sources," *J. Air Waste Manag. Assoc.* **54**: 1494-1505, 2004

[8] N. Hudda, T. Gould, K. Hartin, T. Larson, S. Fruin, „Emissions from an international airport increase particle number concentrations 4-fold at 10 km downwind," *Environ. Sci. Technol* **48**: 6628-6635, 2014

[9] T. Grigoratos, G. Martini, „Brake wear particle emissions - A review," *Environ. Sci. Poll. Res.* **22:** 2491-2504, 2015

[10] W. Hinds, Aerosol Technology: Properties, Behavior, and Measurement of Airborne Particles, New York: Wiley, 1999

[11] M. Corn, „The adhesion of solid particles to solid surfaces, I. a review," *J.Air Poll.Control Assoc.* **11**: 523-528, 1961

[12] M. Kulmala, „How particles nucleate and grow," *Science,* Bd. 302, pp. 1000-1001, 2003

[13] K. Morsi, „The diversity of combustion synthesis processing: a review," *J. Mat. Sci.* **47**: 68-92, 2012

[14] B. Giechaskiel, L. Ntziachristos, Z. Samaras, V. Scheer, R. Casati, R. Vogt, „Formation potential of vehicle exhaust nucleation mode particles on-road and in the laboratory,“ *Atmos. Environ:* **39**: 3191-3198, 2005

[15] G. Perricone, J. Wahlström, U. Olofsson, „Towards a test stand for standardized measurements of the brake dust emissions,“ *Proc. Inst. Mech. Eng. D: J. Automob. Eng.* **230**: 1-8, 2015

[16] O. Nosko, J. Vanhanen, U. Olofsson, „Emission of 1.3-10 nm airborne particles from brake materials,“ *Aerosol Sci. Technol.* **51**: 91-96, 2017

[17] P. McMurry, „The history of condensation nucleus counters,“ *Aerosol Sci. Technol.* **33**: 297-322, 2000

[18] C. Asbach, H. Kaminski, D. von Barany, T. A. J. Kuhlbusch, C. Monz, N. Dziurowitz, J. Pelzer, K. Vossen, K. Berlin, S. Dietrich, U. Götz, H. J. Kiesling, R. Schierl, D. Dahmann, „Comparability of Portable Nanoparticle Exposure Monitors,“ *Ann. Occ. Hyg.* **56**: 606-621, 2012

[19] K. Iida, M. Stolzenburg, P. McMurry, „Effect of working fluid on sub-2 nm particle detection with a laminar flow ultrafine condensation particle counter,“ *Aerosol Sci. Technol.* **43**: 81-96, 2009

[20] J. Vanhanen, J. Mikkilä, K. Lehtipalo, M. Sipilä, H. Manninen, E. Siivola, T. Petäjä und M. Kulmala, „Particle size magnifier for nano-CN detection,“ *Aerosol Sci. Technol.* **45**: 533-542, 2011

[21] B.Y.H. Liu, D.Y.H. Pui, "A submicron aerosol standard and the primary, absolute calibration of the condensation nuclei counter," *J. Coll. Int. Sci.* **74**: 155-171, 1974

[22] N. A. Fuchs, "On the stationary charge distribution on aerosol particles in a bipolar ionic atmosphere," *Pure Appl. Geophys.* **56:** 185-193, 1963

[23] A. Wiedensohler, "An approximation of the bipolar charge distribution for particles in the submicron size range," *J. Aerosol Sci.* **19**: 387-389, 1988

[24] H. Fissan, C. Helsper, H.J. Thielen, "Determination of particle size distributions by means of an electrostatic classifier," *J. Aerosol Sci.* **14**: 354-357, 1983

[25] W. Hoppel, "Determination of the aerosol size distribution from teh mobility distribution of the charged fraction of aerosols," *J. Aerosol Sci.* **9**: 41-54, 1978

[26] H. Kaminski, T. Kuhlbusch, S. Rath, U. Götz, M. Sprenger, D. Wels, J. Polloczek, V. Bachmann, K. H. J. Dziurowitz, A. Schwiegelshohn, C. Monz, D. Dahmann, C. Asbach, "Comparability of mobility particle sizers and diffusion chargers," *J. Aerosol Sci.* **57**: 156-178, 2013

[27] M. Levin, A. Gudmundsson, J. Pagels, M. Fierz, K. Molhave, J. Löndahl, K. Jensen, I. Koponen, "Limitations in the use of unipolar charging for electrical mobility sizing instruments: A study of the Fast Mobility Particle Sizer," *Aerosol Sci. Technol.* **49**: 556-565, 2015

[28] P. Baron, "Calibration and use of the Aerodynamic Particle Sizer (APS3300)," *Aerosol Sci. Technol.* **5**: 55-67, 1986

[29] J. Keskinen, K. Pietarinen, M. Lehtimäki, "Electrical Low Pressure Impactor," *J. Aerosol Sci.* **23**: 353-360, 1992

[30] J. Dixkens, H. Fissan, "Development of an Electrostatic Precipitator for Off-Line Particle Analysis," *Aerosol Sci. Technol.* **30**: 438-453, 1999

[31] A. Ijima, K. Sato, K. Yano, H. Tago, M. Kato, H. Kimura, N. Furuta, "Particle size and composition distribution analysis of automotive brake abrasion dusts for the evaluation of antimony sources of airborne particulate matter," *Atmos. Environ.* **41**: 4908-4919, 2007

[32] J. Wahlström, A. Söderberg, L. Olander, U. Olofsson, "A disc brake test stand for measurement of airborne wear particles," *Lubr. Sci.* **21**: 241-252, 2009

[33] J. Kukutschová, P. Moravec, V. Tomásek, V. Matejka, J. Smolik, J. Schwarz, J. Seidlerova, K. Safárová, P. Filip, "On airborne nano/micro-sized wear particles released from low-metalic automotive brakes," *Environ. Poll.* **159**: 998-1006, 2011

Der dynamische E-Modul – der große Unbekannte bei der praxisgerechten Eigenfrequenzverzielung von Bremsscheiben

Reiner Becker, reiner.becker@fritzwinter.de
Wilfried Strauß, wilfried.strauss@fritzwinter.de

Fritz Winter Eisengießerei GmbH&CoKG
Albert Schweitzer Str. 15
35260 Stadtallendorf

1 Motivation

Dieser Artikel befasst sich mit der Festlegung der Eigenfrequenzen von Bremsscheiben während des Entwicklungsprozesses. Üblicherweise geschieht dies auf Basis der gefertigten Prototypen unter Beachtung der VDA 301, Nov. 2009.

Zunehmend ist zu beobachten, dass die Festlegung der Eigenfrequenzen einer Bremsscheibe aber schon im rein virtuellen Bereich, entgegen der Empfehlungen der VDA Richtlinien, vor Fertigung der Prototypen, erfolgen soll.

Die Ausführung der zur Berechnung notwendigen Netze (Elementewahl und Netzfeinheit), sowie die zu berücksichtigenden Formschrägen und Radien im Bereich der Belüftungsschlitze führen hier zu ersten Ungenauigkeiten, werden aber in diesem Vortrag nicht weiter betrachtet.

Weitere erhebliche Schwierigkeiten entstehen dadurch, dass in der Regel die für eine exakte Berechnung notwendigen Materialdaten, insbesondere der korrekte dynamische E-Modul, nicht zur Verfügung stehen.

Der dynamische E-Modul spielt bei der Berechnung der Eigenfrequenzen eine herausragende Rolle. Er bildet sozusagen das Bindeglied zwischen Geometrie und Werkstoff. Oftmals vergessen, oder aber nicht ausreichend gewürdigt, wird die Tatsache, dass der dynamische E-Modul eines Gussteiles nicht nur vom gewählten Werkstoff, sondern auch vom thermischen Modul der jeweiligen Bremsscheibe abhängt.

In diesem Vortrag werden die Zusammenhänge zwischen dynamischen E-Modul, chemischer Analyse und thermischen Modul eines Gussteiles sowie die auftretenden Probleme und ein möglicher Lösungsweg aufgezeigt.

2 Stand der Technik

Schwingungen und Geräusche beim Bremsen der heutzutage immer leiser werdenden Fahrzeuge, beinträchtigen deren Komfortverhalten deutlich. Oftmals liegen hier die Gründe für kostspielige Garantiefälle.

Bremsgeräusche und Schwingungen lassen sich in einen Frequenzbereich von wenigen Hz bis über 10 kHz einteilen.

Um die Zahl der Garantiefälle zu reduzieren und das Komfortverhalten zu optimieren, rücken die Eigenfrequenzen der einzelnen Bauteile zunehmend in den Focus. Ziel ist es, die einzelnen, benachbarten Bauteile in Ihren Frequenzlagen so zu konstruieren, dass es nicht zu Kopplungen einzelner Moden und Resonanzketten mit entsprechenden Schwingungen und Geräuschen kommen kann.

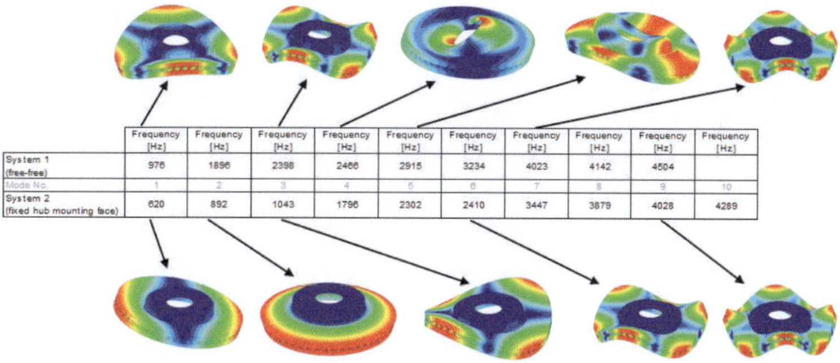

	Frequency [Hz]	Frequency [Hz]	Frequency [Hz]	Frequency [Hz]	Frequency [Hz]	Frequency [Hz]	Frequency [Hz]	Frequency [Hz]	Frequency [Hz]	Frequency [Hz]
System 1 (free-free)	976	1896	2398	2466	2915	3234	4023	4142	4504	
Mode No.	1	2	3	4	5	6	7	8	9	10
System 2 (fixed hub mounting face)	620	892	1043	1796	2302	2410	3447	3879	4028	4289

Bild 1: Eigenschwingformen von Bremsscheiben (Quelle FW intern)

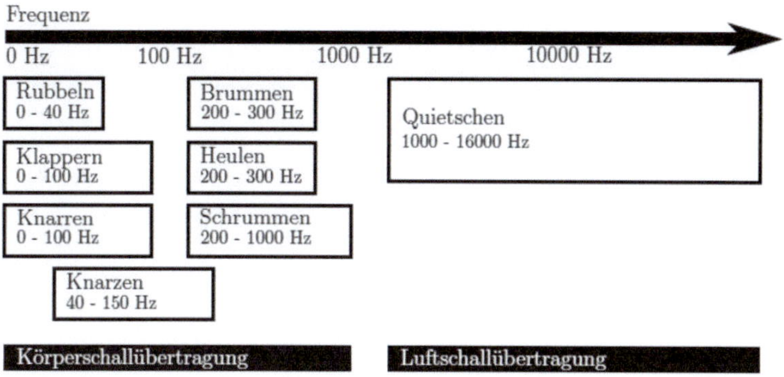

Bild 2: Einteilung von Bremsgeräuschen (1)

Für den Bremsscheibenproduzenten bedeutet dies eine zusätzliche Herausforderung, da zunehmend Aufträge nur noch in Verbindung mit einer 100% Eigenfrequenzkontrolle der einbaufertig bearbeiteten Bremsscheibe vergeben werden.

D.h. zusätzlich zu den schon bestehenden Spezifikationen, welche weiterhin unverändert gültig sind, müssen nun auch ausgewählte Eigenfrequenzen in einem Toleranzbereich von ± 3% um den Nominalwert eingehalten werden.

Bei einer Toleranzbreite von lediglich 6% des Nominalwertes ist es unschwer einsehbar, dass der richtigen Lage des Nominalwertes eine existentielle Bedeutung zukommt.

Erschwerend kommt noch hinzu, dass sich die Eigenfrequenz einer Bremsscheibe auch noch nach dem Ausleeren aus dem Formkasten verändert. Üblicherweise steigen die Frequenzen im Laufe der nächsten Tage noch weiter an. Über eine Dauer von ca. 30 Tage sind Anstiege von 1,5 – 2,5% zu beobachten.

Der gleiche Effekt, nur in abgeschwächter Form, ist auch noch nach der Bearbeitung zu beobachten.

Prüftag:	**Teil 1**	**Teil 2**	**Teil 3**	**Xquer**
lfd. Nr. ->				
xmin:	817	820	0	819
xmax:	833	839	0	836
Range:	16	19	0	18

Prüftag	Frequenz in	Anderung in	Anderung in	Alter	Teil1	Teil2	Teil3
26.09.2017	818,5	0	0,000%	0	817	820	
27.09.2017	825	6,5	0,794%	1	822	828	
28.09.2017	826	7,5	0,916%	2	825	827	
29.09.2017	829	10,5	1,283%	3	827	831	
30.09.2017	829,5	11	1,344%	4	827	832	
03.10.2017	831,5	13	1,588%	7	829	834	
06.10.2017	832,5	14	1,710%	10	830	835	
09.10.2017	833	14,5	1,772%	13	830	836	
12.10.2017	833,5	15	1,833%	16	831	836	
15.10.2017	834,5	16	1,955%	19	832	837	
18.10.2017	835	16,5	2,016%	22	833	837	
21.10.2017	835	16,5	2,016%	25	833	837	
24.10.2017	835	16,5	2,016%	28	833	837	
27.10.2017	836	17,5	2,138%	31	833	839	

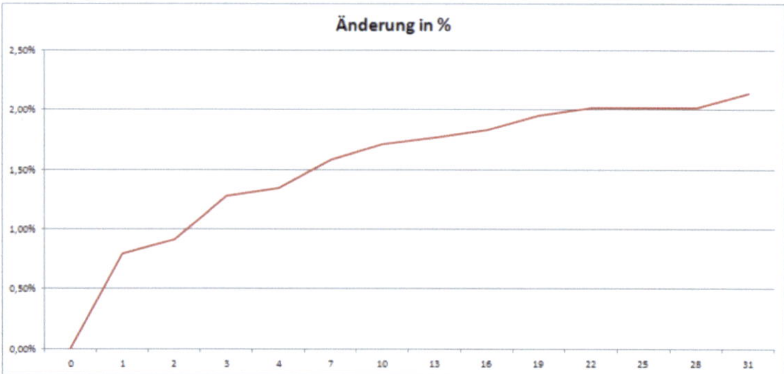

Bild 3: Alterungskurve nach dem Abguss (Quelle FW intern)

3 Grundlagen

3.1 Schwingungslehre

Schwingungen sind Bewegungen von Masseteilchen um eine Ruhelage. Mit Hilfe eines Federpendels und folgender Formeln lässt sich die Verbindung zwischen Geometrie und Werkstoff am einfachsten verdeutlichen.

Aufgrund folgender Annahmen für ein Federpendel:

$$D = \frac{F}{f} \qquad f = \frac{F * l^3}{48 * E * I} \qquad I = \frac{l * h^3}{12}$$

D = Richtgröße
F = Kraft
E = Elastizitätsmodul
I = Trägheitsmoment (Rechteck)
f = Auslenkung

Formel: Herleitung Eigenfrequenz (1-3)

gilt für die Eigenfrequenz:

$$\omega = \sqrt{\frac{D}{m}} = \sqrt{\frac{4 * E + h^3}{l^2 * m}}$$

h = Reibringdicke
l = Reibringhöhe
m = Masse

Formel: Eigenfrequenz (4)

Hieraus ergibt sich der Einfluss des E-Moduls, der Masse auf die Eigenfrequenz.

Tabelle1: Abhängigkeit E-Modul vs. Eigenfrequenz

E	steigt	→	ω	steigt
E	fällt	→	ω	fällt
m	steigt	→	ω	fällt
m	fällt	→	ω	steigt

3.2 Werkstoffkunde

Bremsscheiben werden heute überwiegend aus hochgekohltem Gusseisen, EN-GJL 150 HC, hergestellt. Hauptbestandteile dieses Materials sind, neben den üblichen Eisenbegleitern, Kohlenstoff und Silizium. Teilweise werden jedoch zum Einstellen spezifischer Eigenschaften, Cu, Cr, Sn, V, Ni, Nb und Mo zulegiert. Dies führt unter dem Oberbegriff EN-GJL 150 HC zu einer erheblichen Anzahl unterschiedlicher chemischer Analysen.

Unterscheiden sich nun einzelne Bremsscheiben in Ihrer Masse bzw. dem thermischen Modul, so muss zum Erreichen der geforderten Werkstoffkennwerte, wie Härte und Festigkeit die chemische Analyse individuell angepasst werden.

Dies wiederum führt zu unterschiedlichen CEL-Werten und damit einhergehenden Veränderungen in der Gefügeausbildung, von Festigkeit, Härte und nicht zuletzt auch dem E-Modul und somit der Eigenfrequenzen.

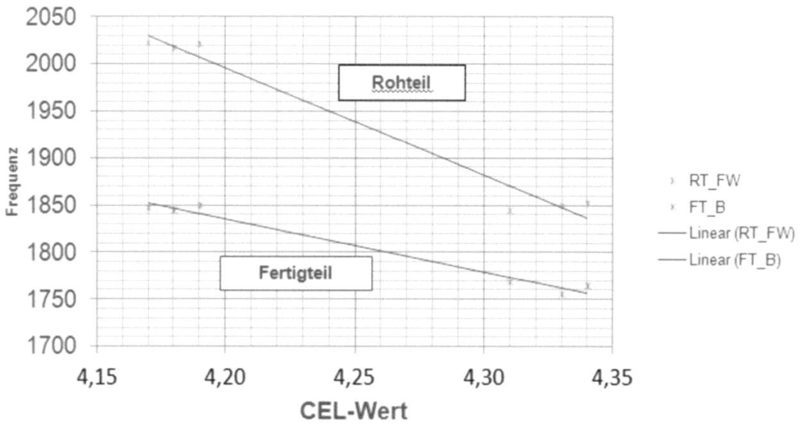

Bild 4: Abhängigkeit Frequenz zu CEL-Wert (Quelle FW intern)

Die CEL Berechnung basiert auf folgender Formel.

$$CEL = \%C + \%\frac{Si}{4} + \%\frac{P}{2}$$

Formel: Berechnung CEL Wert (5)

Es ist ersichtlich, dass Kohlenstoff und Silizium den größten Einfluss auf den Werkstoff ausüben. Es ist aber auch ersichtlich, dass der CEL-Wert eigentlich ein reiner Kalkulationswert ist. So ist es z.B. möglich, Analysen mit gleichem CEL-Wert herzustellen, welche aber im Ergebnis zu unterschiedlichen Werkstoffen und somit zu unterschiedlichen Bauteileigenschaften führen.

Achtung:

3,7% C + 2,3% Si + 0,04% P ergeben einen CEL von 4,295
3,9% C + 1,5% Si + 0,04% P ergeben einen CEL von 4,295

3.3 Der thermische Modul

Ein oftmals unterschätzter, jedoch ebenso vorhandener Einflussparameter ist der thermische Modul eines Gussteiles.

Korrekter ausgedrückt steht der thermische oder auch Erstarrungsmodul für das Verhältnis Volumen zu Wärme abgebender Oberfläche.

$$M = \frac{V}{O}$$

M = Erstarrungsmodul (cm)
V = Volumen des Gussstücks (cm^3)
O = Oberfläche, die Wärme an die Form abgibt (cm^2)

Formel Erstarrungsmodul (6)

Die Erstarrungszeit eines Gussstückes ist direkt proportional zu dem Quadrat des Erstarrungsmoduls.

Da es sich bei der Graphit- und Gefügeausbildung um zeitabhängige Vorgänge handelt, ist der Einfluss des Erstarrungsmoduls unschwer zu erkennen.

Diese Zusammenhänge sind auch Verantwortlich für die sich mit dem Erstarrungsmodul veränderten mechanischen Eigenschaften, wie Festigkeit, Härte und dem dynamischen E-Moduls eines Gussstückes.

3.4 Der dynamische E-Modul

Auf Basis umfangreicher Versuchsreihen mit mehreren hundert Probekörpern, wurde jeweils der dynamische E-Modul bestimmt.

Die Versuche wurden mit kreisrunden Probekörpern unterschiedlicher Plattendicken durchgeführt. Die Plattendicken stehen stellvertretend für die Reibringstärken und simulieren den jeweiligen thermischen Modul.

Die Messungen erfolgten nach dem Resonanzfrequenzverfahren. Hierbei wird der Prüfkörper über periodische Schwingungen so lange angeregt, bis sich die Eigenfrequenz des Systems einstellt und dieses in Resonanz gerät.

Der dynamische E-Modul unterscheidet sich vom statischen E-Modul, der auf Basis von Spannungs- Dehnungskurven ermittelt wird. Beide E-Module zeigen somit unterschiedliche Werkstoffeigenschsften.

Beide E-Module sind somit unterschiedliche Werkstoffdaten.

Bild 5: Versuchsmodell mit Probekörpern unterschiedlicher Plattendicke

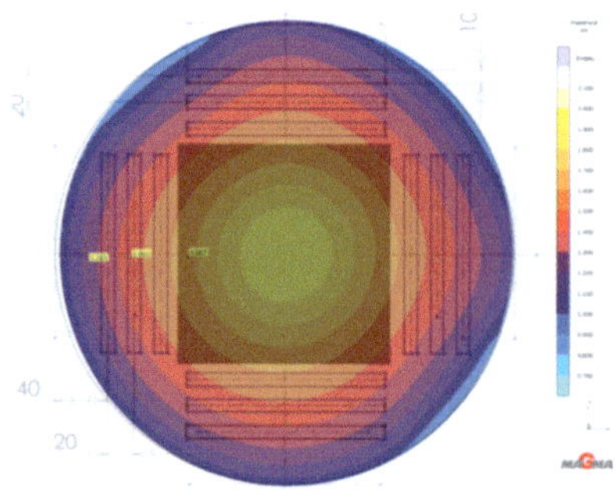

Bild 6: Lage der Probekörper und deren errechneter Modul

Um den Einfluss von Analyseschwankungen sowie unterschiedlicher Impfzustände auszuschließen, wurden in einem Kasten jeweils vier Probekörper mit 4 unterschiedlichen Plattendicken abgegossen. Ausgewertet wurden die Platten mit 13mm, 18mm und 25mm. Insbesondere der dynamische E- Modul reagiert sensibel auf die thermischen Abkühlungsverhältnisse eines Gussstückes.

Die folgenden Diagramme zeigen anschaulich die wechselseitigen Zusammenhänge von Kohlenstoffgehalt, Zugfestigkeit, dynamischem E-Modul sowie thermischem Modul.

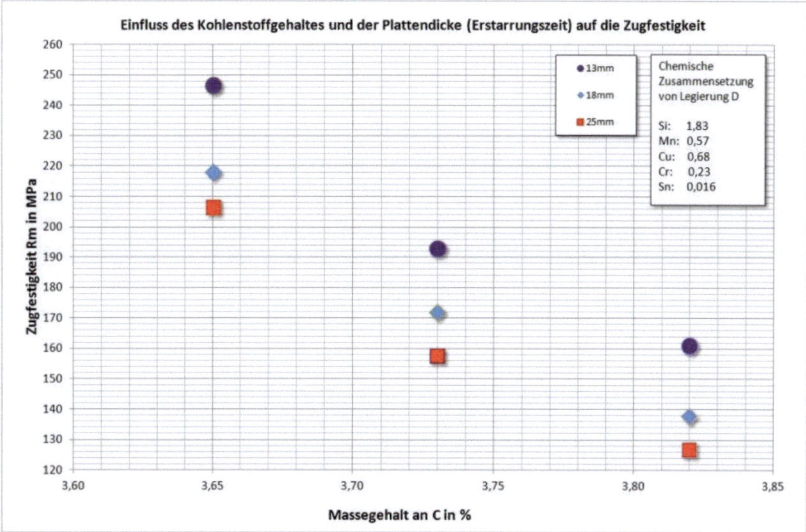

Bild 7:Abhängigkeit Zugfestigkeit, C-Gehalt, vs. Plattendicke

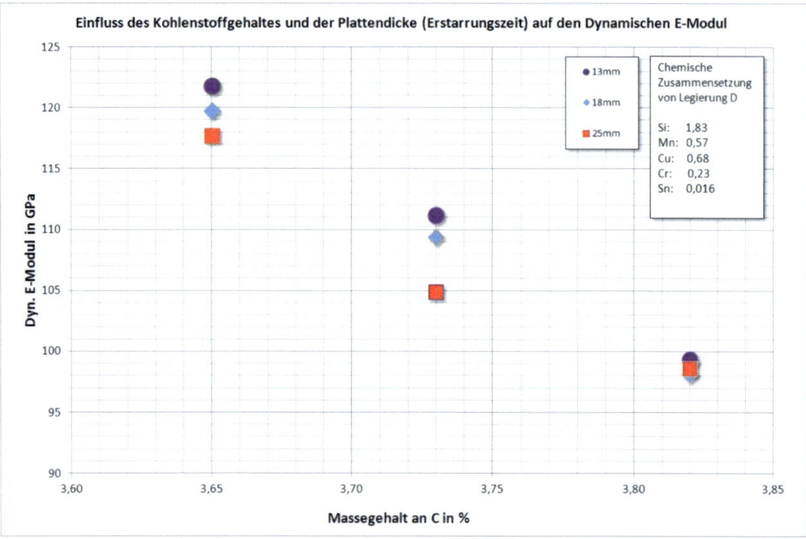

Bild 8: Abhängigkeit E-Modul, vs. C-Gehalt, vs. Plattendicke

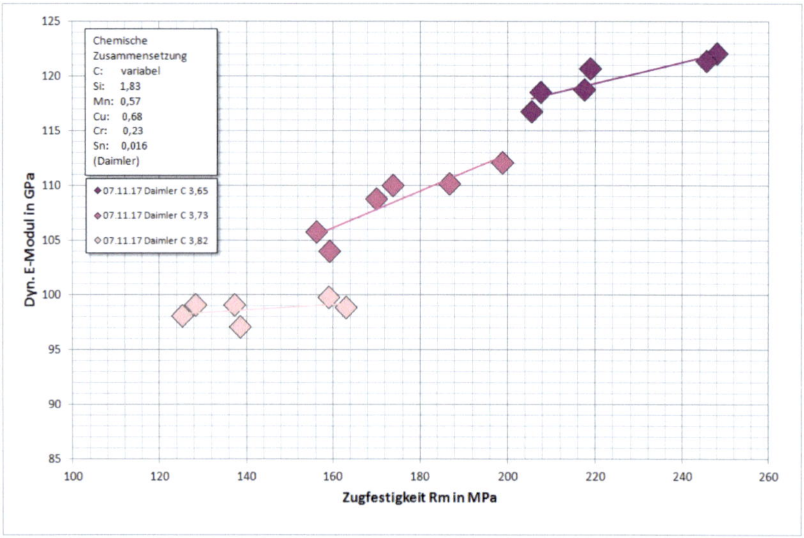

Bild 9: Abhängigkeit E-Modul, Zugfestigkeit

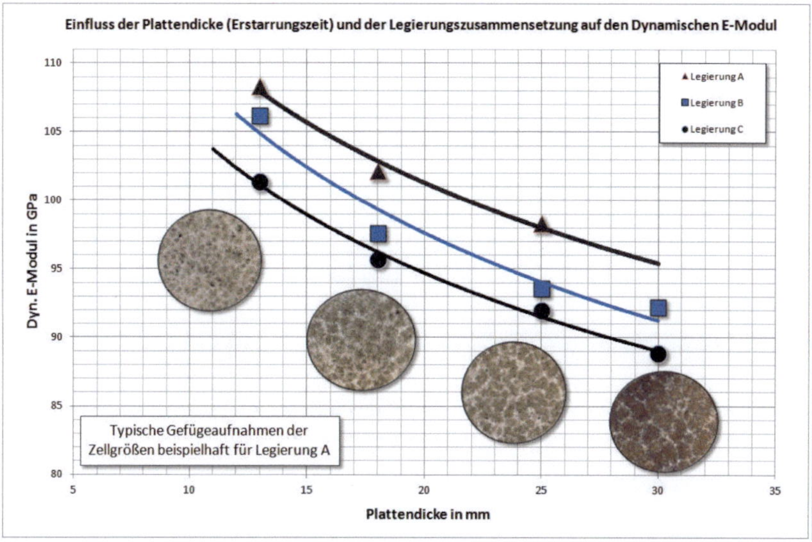

Bild 10: Abhängigkeit E-Modul, vs. Plattendicke, vs. Analyse , vs. Gefügeausbildung

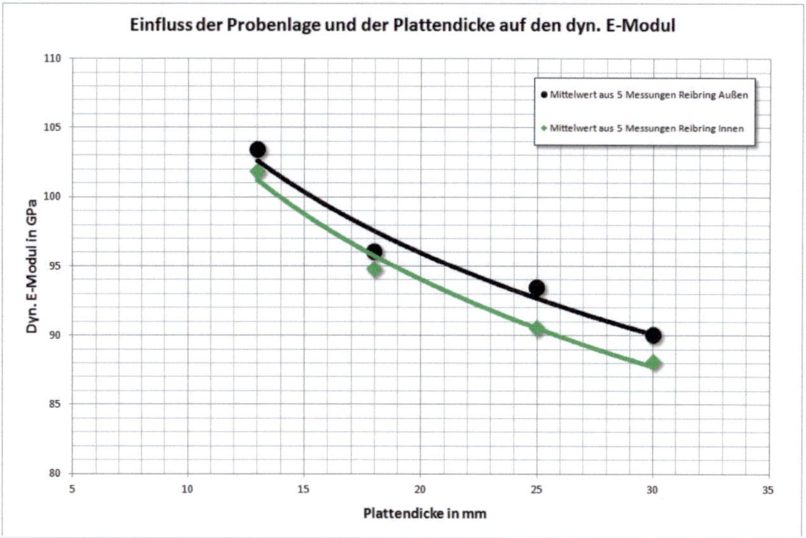

Bild 11: Abhängigkeit E-Modul, vs. Lage in der Bremsscheibe

4 Festlegung der Eigenfrequenz

Bisher werden die zu überwachenden Eigenfrequenzen auf Basis der gefertigten Prototypen und den damit durchgeführten Geräuschversuchen festgelegt. Dies geschieht in Abstimmung zwischen OEM, Bremsen- und Scheibenhersteller.

Problematisch ist hierbei immer die Phase der ersten Prototypenteile. Wie im vorhergehenden Kapitel dargestellt, müssen oftmals noch Anpassungen in der chemischen Analyse vorgenommen werden, um die geforderten mechanischen Eigenschaften zu erreichen. Dies wiederum führt zu mehr oder weniger starken Veränderungen der Eigenfrequenzen.

Erfahrungsgemäß muss aber, aufgrund der sich immer weiter verkürzenden Entwicklungszeiten und schon vor Stabilisierung des Prozesses, auf jedes verfügbare Prototypenteil zurückgegriffen werden. Dies führt unweigerlich zu größeren Streuungen der Eigenfrequenzen in der ersten Phase der Prototypenfertigung.

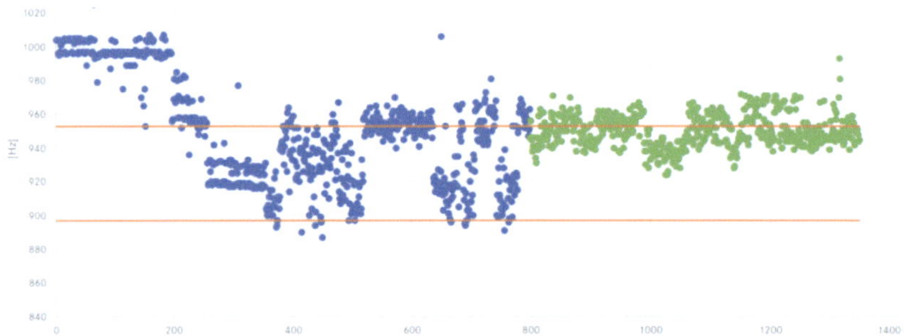

Bild 12: Entwicklung der Eigenfrequenzen vs. produzierte Stückzahl / Zeit

Aufgrund dieser, zu Beginn der Fertigung bestehenden Unschärfe, ist das in den VDA Richtlinien vorgeschlagene Verfahren entstanden und anzuwenden.

Eine virtuelle Vorgehensweise unterscheidet sich von der bisherigen dadurch, dass die Zielfrequenzen auf Basis einer FE-Berechnung und eines dafür notwendigen CAD Modells festgelegt werden. Diese Vorgehensweise hat den Vorteil, dass schon im Vorfeld der Prototypenfertigung eine Abstimmung aller Bauteilfrequenzen erfolgen kann. Dies spart vordergründig Zeit und Geld.

Die große Gefahr bei dieser Methode besteht jedoch darin, dass man für die Berechnung nur unzureichende bzw. falsche Randbedingungen / Parameter zur Verfügung hat, wie:

a. Dynamischer E-Modul
b. Dichte
c. Korrekte Formschrägen und Radien, insbesondere im Lüfterschlitz
d. Wahl der Elemente für das FE-Netz, Feinheit vs. Rechenzeit

Pauschale Ansätze, z.B. des E-Moduls, sind hier nicht zulässig und führen zu Forderungen, die am konkreten Bauteil nicht, bzw. nur schwer und unter Eingehen von diversen Kompromissen einzuhalten sind.

Die einschlägige Literatur bzw. die DIN 1691 Gusseisen mit Lamellengraphit zeigen hier Spannen, mit denen die Variation der Eigenfrequenz weit über das +-3% Toleranzband hinausgeht.

Tabelle A.1 — Mechanische Eigenschaften in gegossenen Probestücken mit 30-mm-Rohgussdurchmesser

Merkmal	Formelzeichen	SI-Einheit	Werkstoffbezeichnung [a]					Literaturhinweise
			EN-GJL-**150** (5.1200)	EN-GJL-**200** (5.1300)	EN-GJL-**250** (5.1301)	EN-GJL-**300** (5.1302)	EN-GJL-**350** (5.1303)	
			Grundgefüge					
			ferritisch/ perlitisch	perlitisch				—
Zugfestigkeit	R_m	MPa	150 bis 250	200 bis 300	250 bis 350	300 bis 400	350 bis 450	
0,1%-Dehngrenze	$R_{p0,1}$	MPa	98 bis 165	130 bis 195	165 bis 228	195 bis 260	228 bis 285	[6]
Dehnung	A	%	0,8 bis 0,3	0,8 bis 0,3	0,8 bis 0,3	0,8 bis 0,3	0,8 bis 0,3	[7]
Druckfestigkeit		MPa	$3,40 \times R_m$	$3,18 \times R_m$	$3,01 \times R_m$	$2,87 \times R_m$	$2,75 \times R_m$	[8]
0,1%-Stauchgrenze		MPa	195	260	325	390	455	[6]
Biegefestigkeit		MPa	$1,82 \times R_m$	$1,73 \times R_m$	$1,66 \times R_m$	$1,60 \times R_m$	$1,54 \times R_m$	[8]
Scherfestigkeit		MPa	170	230	290	345	400	[8]
Torsionsfestigkeit		MPa	$1,36 \times R_m$					[8]
Elastizitätsmodul [b]	E	GPa	78 bis 103	88 bis 113	103 bis 118	108 bis 137	123 bis 143	[9]
Poisson-Zahl	ν	—	0,26	0,26	0,26	0,26	0,26	[7]
Biegewechselfestigkeit		MPa	$0,46 \times R_m$					[8]
Zug-Druck-Wechselfestigkeit		MPa	$0,34 \times R_m$					[8]
Torsionswechselfestigkeit		MPa	$0,38 \times R_m$					[8]
Bruchzähigkeit	K_{Ic}	$MPa \cdot m^{1/2}$	12	17	20	19	17	[10]

ANMERKUNG 1 MPa entspricht 1 N/mm^2.

[a] Bei besonderen Anforderungen an die Bearbeitbarkeit oder an die magnetischen Eigenschaften wird EN-GJL-100 (5.1100) eingesetzt. Die geforderten Eigenschaften können über eine gefügeändernde Wärmebehandlung erreicht werden. EN-GJL-100 (5.1100) ist hier nicht aufgeführt.

[b] Abhängig von Menge und Ausbildungsform des Graphits sowie von der Belastung. Die Spannungs-Dehnungskurve von Gusseisen mit Lamellengraphit ist auch bei kleinen Dehnungen nicht linear. Daher wird der Elastizitätsmodul als Steigung der Tangente im Ursprung der Spannungs-Dehnungs-Kurve definiert.

Bild 13: Auszug aus der DIN EN 1561(3)

Zusätzlich kommt noch erschwerend hinzu, dass nicht jede Mode sich für eine Kontrolle eignet. Oftmals gibt es die Situation, dass eine Topfmode M(1/1) sich nahe bei einer Reibringmode M(0/3) befindet und das Messsystem diese nicht eindeutig auflösen kann. Es kommt zu einem „Springen" der Messwerte und somit zu einer verzerrten Darstellung der Eigenfrequenzlagen. Für eine 100% Kontrolle im Bearbeitungsprozess müssen solche Situationen abgelehnt werden.

Um hier eine für alle Seiten akzeptable Lösung zu finden, ist es unabdingbar, gemeinsam die entsprechenden Moden und insbesondere deren Nominalwerte festzulegen. Hier sollten immer Moden gewählt werden, die einzeln und mit einer ausreichenden Amplitude, deutlich vom Messsystem erfasst und ausgewertet werden können.

5 Lösungswege

Sollte zukünftig die Eigenfrequenzverzielung einer Bremsscheibe zunehmend auf virtuellem Weg erfolgen, ist es unabdingbar, die zur Berechnung notwendigen Randbedingungen besser zu kennen und auch zu berücksichtigen.

Folgende Fragestellungen sind zu beantworten:

- Umgang mit dem FE-Netz, Netzfeinheit, etc.
- Umgang mit Formschrägen und Radien,
- Umgang mit dem thermischen Modul eines Gussstückes,
- Umgang mit bestehenden Spezifikationen.

Sollten die zur Verfügung stehenden Rechenzeiten, etc. eine Verfeinerung des Netzes, die Berücksichtigung von Formschrägen sowie Radien nicht zulassen, muss anhand von Versuchen ein entsprechendes Offset ermittelt und berücksichtigt werden.

Um den thermischen Modul eines Gussstückes zu berücksichtigen, wird ein Clustern der Bremsscheiben notwendig werden. D.h. anhand von Versuchen und Messungen sind die dem jeweiligen thermischen Modul entsprechenden dynamischen E-Module zu ermitteln und in der Berechnung anzusetzen.

Es muss eine Überbestimmung der Bremsscheibe vermieden werden. D.h. es muss über die Gewichtung einzelner Forderungen in einer Spezifikation nachgedacht werden, um Situationen zu vermeiden, in welchen es keinen Freiheitsgrad mehr gibt und etwa die „Quadratur des Kreises“ gefordert wird, weil gegenläufige Forderungen erfüllt werden sollen. Zur Vermeidung von Ausschussteilen dürfen zur Kontrolle der Eigenfrequenzen in der Produktion nur klar messbare Moden herangezogen werden.

6 Ausblick

Die in Kapitel 5 genannten Untersuchungen müssen durchgeführt werden. Weiterhin ist zu untersuchen, inwieweit einzelne Legierungselemente die o.g. Zusammenhänge beeinflussen.

Ebenso von Interesse ist es die Dämpfungsfähigkeit und deren metallurgische Abhängigkeiten zu untersuchen.

7 Literaturverzeichnis

(1) Treimer, M.: Dissertation „Virtualisierung des Bremsgeräuschentwicklungsprozesses zur Sicherstellung einer robusten Anlaufqualität". München: s.n., 2016

(2) VDA 301: Eigenfrequenzmessung und Modal-Analyse von Bremsscheiben in der Entwicklung. 2009. https://www.vda.de/de/services/Publikationen/vda-301.html

(3) DIN EN 1561 „Gießereiwesen – Gusseisen mit Lamellengraphit"

Neue Möglichkeiten in der Bremsentechnologie durch Additive Produktionstechnologien am Beispiel eines Bugatti Bremssattels

Dipl.-Ing. T. M. Wischeropp, M.Sc. H. Hoch,
Dipl.-Ing. Frank Beckmann, Prof. Dr.-Ing. C. Emmelmann

Fraunhofer-Einrichtung für Additive Produktionstechnik IAP
Hamburg, Deutschland

1 Zusammenfassung

Additive Produktionstechnologien (AM) haben einen signifikantes Marktwachstum in den letzten Jahren verzeichnet. Anwendungen in verschiedenen Branchen demonstrieren die technische Reife, die die Technologien mittlerweile erreicht haben. In der Automobilbranche gibt es bisher aber nur wenige Serienanwendungen, was mit auf die geringe Produktivität der AM Technologien zurückgeführt werden kann.

Diese Beitrag gibt einen Überblick über die industriell relevantesten AM Technologien sowie typische Anwendungen von AM in der Automobilbranche. Basierend auf dem Stand der Technik sowie erwarteten technologischen Entwicklungen, werden mögliche Anwendungen für die Bremstechnologie aufgezeigt.

2 Überblick über Additive Produktionsverfahren

Der Markt für Additive Manufacturing (AM) hat in den letzten Jahren aufgrund seiner zahlreichen Vorteile gegenüber herkömmlichen Herstellungsverfahren, wie in Abbildung 1 dargestellt, ein bemerkenswertes Wachstum erkennen lassen [3, 14, 23]. Experten erwarten, dass sich dieses Wachstum in den nächsten Jahren fortsetzen wird. Wichtige Anwendungen von AM finden sich in der Luftfahrt, Automobilindustrie, Medizintechnik sowie im Werkzeug- und Maschinenbau [14, 20, 23].

Es gibt viele verschiedene AM-Technologien mit spezifischen Vor- und Nachteilen, die in Kapitel 2.1 näher beschrieben werden. Das allgemeine Prinzip aller AM-Technologien ist jedoch immer das gleiche: Die Herstellung eines Teils durch sukzessives Hinzufügen einzelner Schichten (siehe Abbildung 2).

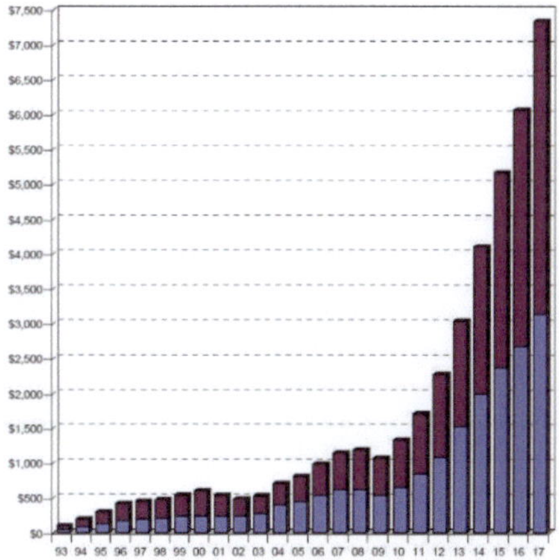

Abbildung 1: Gesamtmarktwachstum der AM-Technologien, unterteilt in Produkte (blau) und Dienstleistungen (weinrot). [23]

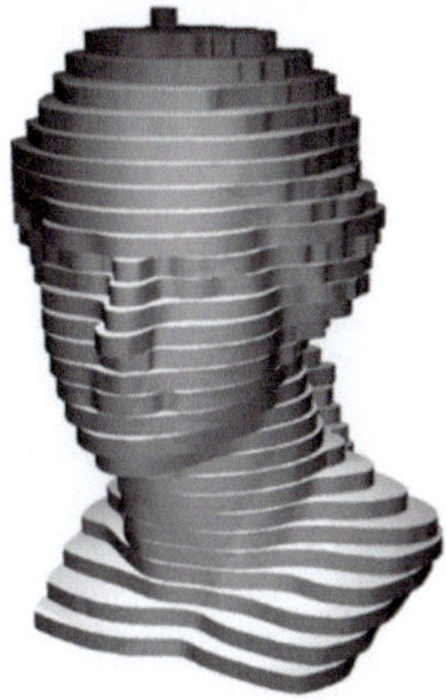

Abbildung 2: Schichtweises Herstellungsprinzip von AM. [2]

2.1 Übersicht über verschiedene AM Technologien

In den letzten Jahren wurden mehrere neue AM-Technologien entwickelt [23]. Die industriell wichtigsten sind in Abbildung 3 dargestellt. Aufgrund der großen Vielfalt verschiedener AM-Prozesse mit ihren spezifischen Vor- und Nachteilen kann es schwierig sein, die für eine bestimmte Anwendung am besten geeignete auszuwählen [8]. Tabelle 1 kann bei einer Vorauswahl helfen.

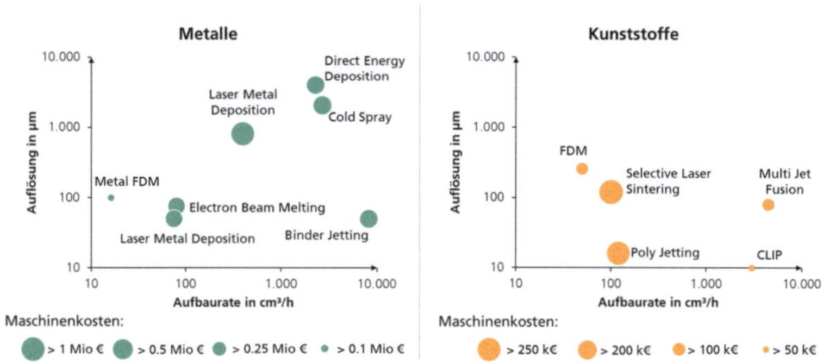

Abbildung 3: Überblick über die AM-Technologien, kategorisiert nach Aufbaurate, Auflösung und Investitionskosten

Tabelle 1: Übersicht über die wichtigsten AM-Prozesse mit Kurzbeschreibung.

	Name	Typ	Eigenschaften
Metall	Direct Energy Deposition (DED)	Material wird als Draht zugeführt, Roboter zur Positionierung, elektrische Energie zum Schmelzen	sehr hohe Aufbauraten und geringe Genauigkeit, nur geeignet für net-shape Herstellung, eignet sich gut für Reparaturanwendungen
	Laser Metal Deposition (LMD)	Robotersystem, Pulver wird Trägergas auf das Bauteil geschossen und mit dem Laser aufgeschmolzen	sehr hohe Aufbauraten und geringe Genauigkeit, geeignet für net-shape Herstellung, eignet sich gut für Reparaturanwendungen
	Laser Beam Melting (LBM)	Pulverbett-basierter Prozess, Material wird durch Laser geschmolzen	hohe Genauigkeit, sehr gute mechanische Eigenschaften
	Electron Beam Melting (EBM)	Pulverbett-basierter Prozess, Material wird durch Elektronenstrahl geschmolzen	geringere Genauigkeit als LBM, gute mechanische Eigenschaften, gut geeignet für hochschmelzende Legierungen
	Metal Fused Deposition Modelling (M-FDM)	Draht-basiertes System, Metallpulver mit Bindemittel, im Sekundärprozess gehärtet (Sintern)	niedrige Baugeschwindigkeiten und hohe Genauigkeit, begrenzte mechanische Eigenschaften, Schrumpfung und Verformung beim Sintern möglich
	Binder Jetting (BJ)	Pulverbett-basierter Prozess, Grünteil wird im Sekundärprozess verdichtet (Sintern)	sehr hohe Produktivität, Schrumpfung und Verformung beim Sintern möglich, geeignet für die Massenproduktion
Kunststoff	Fused Deposition Modelling (FDM)	Draht-basiertes System, Polymer wird durch elektrische Energie geschmolzen	hohe Materialvielfalt mit guten mechanischen Eigenschaften, günstiges Verfahren
	Selective Laser Sintering (SLS)	Pulverbett-basierter Prozess, Material wird durch Laser geschmolzenes	keine Stützstrukturen erforderlich, gute mechanische Eigenschaften, aber begrenzte Anzahl an verfügbaren Materialien
	Multi Jet Fusion (MJF)	Pulverbett-basierter Prozess, durch das Bindemittel wird Bereich festgelegt, der in jeder Schicht durch UV-Strahlung gehärtet wird	keine Stützstrukturen notwendig, hohe Produktivität und Genauigkeit, gute mechanische Eigenschaften
	Continuous Liquid Interface Production (CLIP)	Photopolymer wird kontinuierlich durch UV-Licht gehärtet, während das Teil aus dem Harzbad herausgezogen wird	sehr hohe Baugeschwindigkeiten und hohe Genauigkeit, begrenzte mechanische Eigenschaften

2.2 Möglichkeiten und Herausforderungen der AM Technologien

Wie in Kapitel 2.1 beschrieben, hat jeder AM-Prozess spezifische Eigenschaften. Trotzdem gibt es einige Vorteile und Herausforderungen die jeder AM-Prozess teilt. Das Verständnis dieser Vorteile und Herausforderungen hilft dem Anwender, potentielle Anwendungen von AM zu identifizieren.

Vorteile:

- **Komplexitätsfreiheit:** AM bietet aufgrund des schichtweisen Herstellungsprinzips die Möglichkeit, hochkomplexe Strukturen mit inneren Strukturen, Hinterschneidungen oder feinen Gitterstrukturen herzustellen, die mit anderen Fertigungstechnologien sehr teuer oder gar nicht realisierbar sind [3, 15]. Hinzu kommt, dass die Komplexität keinen wesentlichen Einfluss auf die Kosten des Bauteils hat, was ein wichtiger Unterschied zu anderen Fertigungstechnologien ist [3, 14, 22].
- **Werkzeuglose Fertigung:** AM benötigt keine speziellen Werkzeuge oder Halterungen. Ein Bauteil kann "direkt" aus den CAD-Daten erstellt werden und es ist keine teilespezifische Investition notwendig [14, 15]. Dies macht AM flexibel und besonders interessant für individualisierte Produkte, Mass-Customization und Kleinserien [3, 8].
- **Geringer Materialverlust:** AM produziert eine geringe Menge an Materialabfall (normalerweise <5%), da das Material nur dort eingesetzt wird, wo es notwendig ist oder aber wiederverwendet werden kann (gilt für fast alle AM-Prozesse) [3, 15].
- **Digitaler Prozess:** Additiver Produktionstechnologien sind digitale Fertigungsprozesse, was sie verhältnismäßig leicht automatisierbar und flexible macht [15]. Es muss jedoch erwähnt werden, dass das Automatisierungspotenzial bis heute nicht ausgeschöpft wurde (siehe Herausforderungen → geringer Industrialisierungsgrad) [19].

Herausforderungen

- **Geringe Produktivität / hohe Teilekosten:** Die Produktivität der meisten AM-Prozesse ist (noch) vergleichbar gering. Da der wesentlichste Kostentreiber bei AM der Maschinenstundensatz ist, sind hohe Bauteilkosten die Folge [15, 22, 22]. Eine deutliche Steigerung der Produktivität (und damit einhergehend eine Kostenreduktion) wird voraussichtlich durch neue Maschinenkonzepte und AM-Prozesse wie das Binder Jetting erreicht [14, 23].
- **Niedrige Oberflächenqualität / Nachbearbeitung:** Bei den meisten AM-Bauteilen ist eine Nachbearbeitung aufgrund der begrenzten Oberflächenqualität, der Stützstruktur oder der nicht optimalen Mikrostruktur erforderlich [15, 20]. In bestimmten Fällen können die Nachbearbeitungskosten höher ausfallen, als die Kosten für den AM-Prozess [14].

- **Qualitätssicherung:** Eine besondere Herausforderungen bei AM liegt in der Sicherstellung bestimmter mechanischer Eigenschaften [15, 20, 22]. Für sicherheitskritische Bauteile können unter anderem µCT-Untersuchungen und die Untersuchung von Begleitproben notwendig sein, was zu zusätzlichen Kosten führt.
- **Geringer Industrialisierungsgrad:** AM-Maschinen sind heute nicht vollständig automatisiert und in konventionelle Fertigungsketten integriert. Dies führt zu einer erheblichen manuellen Aufwand, der notwendig ist, um Am Maschinen zu bedienen [3, 14].

2.3 Aktuelle Anwendungen von AM in der Automobilindustrie

Die derzeitigen Anwendungen von AM in der Automobilindustrie können in fünf Bereiche unterteilt werden, wie in der folgenden Abbildung 4 gezeigt.

Abbildung 4: Kategorisierung der AM-Anwendung in der Automobilindustrie.

Prototyping

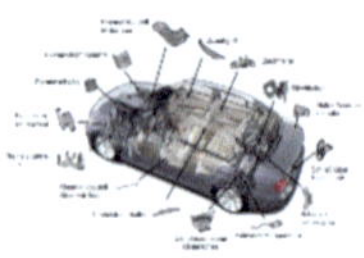

Eine Anwendung von AM die bereits sehr verbreitet ist in der Automobilindustrie ist die Herstellung von Prototypen in der Entwicklungsphase. Dies können Bauteile für visuelle Zwecke oder Einbautests sowie Bauteile für Funktionstests sein. Aufgrund der Tatsache, dass keine speziellen Werkzeuge benötigt und Bauteile direkt aus den 3D-CAD-Daten hergestellt werden können, bietet AM in vielen Fällen Kosten- und Zeitvorteile. Eine Herausforderung für Funktionstests besteht darin, dass das AM-Bauteil möglicherweise andere Materialeigenschaften aufweist als bei der Herstellung in herkömmlichen Verfahren [2, 17].

Vorrichtungen und Werkzeuge

Anwendungsspezifische Vorrichtungen und Werkzeuge sind in der konventionellen Herstellung teuer. AM bietet hervorragende Möglichkeiten, um kundenspezifische Vorrichtungen und Werkzeuge zu niedrigen Kosten auf Bedarf herzustellen. Das Bild links zeigt eine Schablone, die von AM zur Beschriftung eines Volkswagens verwendet wird [2, 7].

Ersatzteile

Gerade bei Oldtimern oder Sonderfahrzeugen ist die Ersatzteilversorgung teilweise eingeschränkt. AM bietet interessante Möglichkeiten, Ersatzteile durch Reverse Engineering zu niedrigen Kosten herzustellen. Ein Beispiel auf der linken Seite ist die Herstellung eines Kaltstart-Ventils für einen Mercedes-Benz SL Pagode [5].

Customization

Für Bauteile, die nur in geringer Stückzahl hergestellt werden und die hohe Anforderungen an Funktionalität und Gewicht haben (z.B. für Rennwagen oder Tuning), bietet AM aufgrund der Fähigkeit, komplexe Teile in geringen Stückzahlen mit verbesserten Funktionalitäten herzustellen, gute Anwendungsmöglichkeiten. Auf der linken Seite ist ein leichtbauoptimierter Achsschenkel für ein Formula-Student Auto gezeigt [9]. Ein anders Beispiel wären individualisierte Design-Elemente, welche von BMW MINI angeboten werden [11].

(Zukünftige) Serienanwendungen

Die geringen Prozessgeschwindigkeit (Output) sowie die Kostennachteile von AM für hohe Stückzahlen schränken bisher eine Massenproduktion von Bauteilen für die Automobilindustrie ein. Neue AM-Prozesse und Verbesserungen bei den bestehenden Verfahren dürften dies in den kommenden Jahren ändern [16]. Links ist eine hybrides Kühlgehäuse für eine Steuereinheit eines Elektroautos gezeigt [18]. Weitere potentielle Anwendungen werden bei Wärmetauschern oder Leichtbauteilen gesehen [6].

3 (Mögliche) Anwendungen von AM in der Bremstechnik

Die Autoren sehen drei potentielle Anwendungsmöglichkeiten von AM für die Bremstechnologie in die Zukunft, die den Kategorien 1, 4 und 5 zugeordnet werden können (siehe Abbildung 4):

- Leistungssteigerung durch Ausnutzen der Gestaltungsfreiheit von AM, z.B. zur Gewichtseinsparung oder Optimierung der Funktionalitäten (Kategorie 4 und 5)
- Verbesserung der Performance durch neue Materialkonzepte (Kategorie 4 und 5)
- Herstellung von kundenspezifischen Teilen oder Prototypen (Kategorie 1 und 4)

3.1 Leistungssteigerung durch Design-Freiheit

Wie in Kapitel 2.2 erwähnt, ist die Gestaltungsfreiheit einer der großen Vorteile von AM, da nahezu jede Form hergestellt werden kann und sich die Bauteilkomplexität nicht wesentlich auf die Herstellkosten auswirkt. Dadurch können bionische Design-Prinzipien angewendet und neues Gewichtseinsparungspotential erschlossen werden (in der Regel zwischen 30% bis 50%). Die Vorteile der Gestaltungsfreiheit sind jedoch nicht auf Gewichtseinsparungen beschränkt, da diese auch zur Implementierung oder Verbesserung von Funktionalitäten eines Bauteils angewendet werden können. Ein Beispiel hierfür könnte die Implementierung von Kühlstrukturen oder optimierten Fluidkanälen sein, um die Performance einer Bremse zu erhöhen (siehe Abbildung 5). AM bietet zusätzlich die Möglichkeit, Sensoren oder elektrische Funktionen in einem Bauteil zu integrieren. Diese könnte unter anderem dazu genutzt werden, Leistungsdaten wie z.B. Kräfte während des Betriebs zu messen. Diese Daten könnten für eine optimierte Steuerung der Bremse, zur Verschleißmessung oder zur Verbesserung der nächsten Bauteilgeneration verwendet werden.

Abbildung 5: Prototyp einer high-performance Bremsscheibe, hergestellt mittels AM. [1]

3.2 Leistungsverbesserung durch neue Materialkonzepte

Aufgrund umfangreicher F&E-Aktivitäten hat die Anzahl an verarbeitbaren Materialien für die unterschiedlichen AM-Technologien deutlich zugenommen. Während anfänglich versucht wurde, Materialen die aus anderen Herstellungsprozessen bekannt sind mit AM zu verarbeiten, geht der Trend hin zur Entwicklung spezifischer Materialen, die die Prozesseigenschaften von AM ausnutzen. Dies bietet neue Möglichkeiten für die Bremstechnik, da AM Materialien mit einzigartigen Eigenschaften verarbeiten kann, die mit anderen Fertigungsverfahren nur schwer oder gar nicht realisierbar sind.

Beispiele hierfür sind spezielle hochfeste Stähle, Titanaluminide, metallische Gläser (amorphe Metalle) oder hochfeste Aluminiumlegierungen wie Scalmalloy® [1, 12]. Um die guten mechanischen Eigenschaften von Scalmalloy® zu erreichen, sind hohe Abkühlgeschwindigkeiten von einigen 1000 K/s erforderlich, damit die keramische Al3-Sc-Phase im Aluminium gelöst bleibt. Solche hohen Kühlraten sind sehr schwer mit anderen Herstellungsverfahren erreichbar (z.B. beim Gießen). Für die Verarbeitung metallischer Gläser sind noch höhere Abkühlraten erforderlich (> 100.000 K / s in den meisten Fällen). Dieser amorphe Zustand eines Metalls bildet sich, wenn die Erstarrungsgeschwindigkeit so hoch ist, dass sich keine kristalline Struktur bilden kann. Metallische Gläser haben einzigartige mechanische, elektrische und magnetische Eigenschaften, die eher typisch für Keramiken sind, weisen gleichzeitig aber eine für Keramik ungewöhnlich hohe Wärmeleitfähigkeit auf. AM-Verfahren haben auch gute Bedingungen für die Verarbeitung von Materialien mit (Nano-)Partikeln, da die Tendenz zu Deagglomeration deutlich niedriger ist, als z.B. beim Gießen. Die (Nano-) Partikel können zur Verbesserung der mechanischen, thermischen, elektrischen oder magnetischen Eigenschaften verwendet werden [13]. Zusätzlich bietet AM die Möglichkeit zur Herstellung von Multi-Material-Komponenten [4]. Dies ist vorteilhaft, wenn unterschiedliche Materialeigenschaften in bestimmten Bereichen eines Bauteils vorteilhaft sind. Für Bremsscheiben könnten z.B. ein hochfester Stahl mit Kupfer kombiniert werden, um eine gute Verschleißfestigkeit und hohe Wärmeleitung innerhalb eines Bauteils zu erreichen.

3.3 Schnelle Herstellung von Prototypen und Sonderbauteilen

Wenn nur eine geringe Anzahl von Bauteilen benötigt wird, bieten AM Technologien häufig Vorteile in Bezug auf Kosten und Durchlaufzeit, da keine speziellen Werkzeuge, Halterungen oder Programmierung benötigt wird. Daher kann AM zur Herstellung von Prototypen für Demonstrations- oder Testzwecke sowie zur Herstellung spezieller (kundenspezifischer) Teile verwendet werden. Luxus-, VIP- und Sportwagen haben in der Regel unterschiedliche Anforderungen, was die Entwicklung und Herstellung von Bremsen in geringen Stückzahlen notwendig machen kann.

Bei der Herstellung von Prototypen ist zu beachten, dass sich die Materialeigenschaften eines AM-gefertigten Bauteils von denen eines herkömmlich hergestellten unterscheiden können, da die Oberflächeneigenschaften und / oder die Mikrostruktur unterschiedlich sein können. Gewöhnlich zeigt das AM-verarbeitete Material eine erhöhte Oberflächenrauhigkeit, höhere Festigkeit und Härte sowie geringere Duktilität – alles kann durch eine entsprechende Nachbearbeitung angepasst werden (z. B. Wärmebehandlung, Kugelstrahlen, ...). Allerdings können zusätzliche F&E-Aufwände erforderlich sein, um eine geeignete Nachbearbeitungsstrategie zu entwickeln, damit die gleichen Materialeigenschaften wie für den Herstellungsprozess der Serienproduktion erreicht werden.

4 Beispiel des Bugatti Chiron Bremssattels

In einem gemeinsamen Entwicklungsprojekt von Bugatti Automobiles S.A.S. und dem Fraunhofer IAPT wurde das Potenzial von AM für die Bremstechnik exemplarisch für einen Bremssattel des Bugatti Chiron aufgezeigt (siehe Abbildung 6). Ziel des Projekts war es, die Vorteile von AM in Bezug auf Gewichtsersparnis und Funktionsintegration aufzuzeigen [21].

Die Bremsen des Chiron sind die leistungsstärksten Serienbremsen der Welt und haben damit hohe Ansprüche an Leistung bei (gleichzeitig) geringem Gewicht. Das konventionelle Design des Bremssattels besteht aus einem geschmiedeten hochfesten Aluminiumblock und besitzt ein Gewicht von ca. 4,9 kg. Für das neue Design des Acht-Kolben-Monoblock-Bremssattels entschieden sich die Konstrukteure für einen Materialwechsel zu TiAl6V4. Durch Topologieoptimierung sowie bionisch inspirierte Konstruktionsprinzipien wurde eine Gewichtsreduktion von 40% erreicht. Außerdem wurden die Kanäle für die Bremsflüssigkeit in einem Teil integriert, um die Montage zu vereinfachen. Der erste Bremssattel wurde Ende 2017 auf einer SLM 500HL-Maschine ‚gedruckt' und ist bis heute das weltweit größte Funktionsbauteile aus Titan, das mittels Additiven Produktionstechnologien hergestellt wurde [10, 21].

Es ist geplant den Bremssattel Ende des Jahres 2018 entsprechend der Serienanforderungen zu testen.

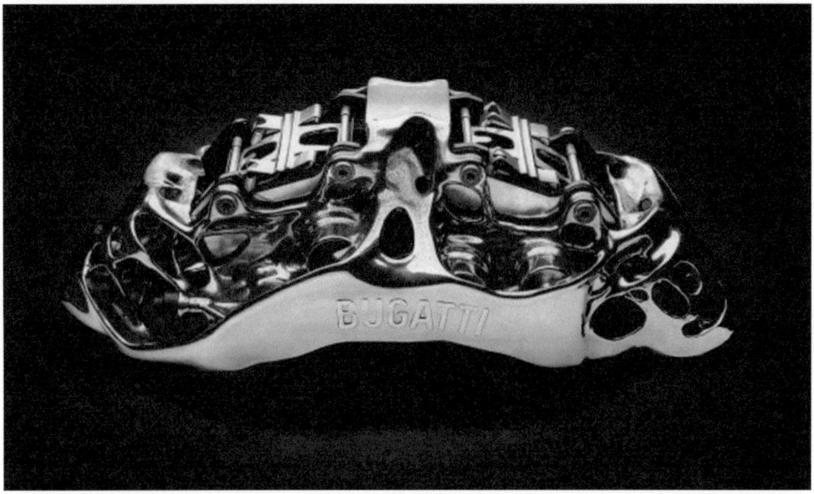

Abbildung 6: Bionisch inspiriertes Design für den Bremssattel des Bugatti Chiron (Source: 2018 Bugatti Automobiles S.A.S. [20])

5 Literaturverzeichnis

[1] Awd, M., Tenkamp, J., Hirtler, M., Siddique, S., Bambach, M., and Walther, F. 2017. Comparison of Microstructure and Mechanical Properties of Scalmalloy® Produced by Selective Laser Melting and Laser Metal Deposition. *Materials (Basel, Switzerland)* 11, 1.

[2] Beckmann, F. 2018. Medienhype oder industrielle Revolution? – Status und Potenziale des 3D-Drucks im Automobilbau. Hamburger Karrosseriebautage.

[3] Brandt, M., Ed. 2016. *Laser additive manufacturing. Materials, design, technologies, and applications / edited by Milan Brandt.* Woodhead Publishing series in electronic and optical materials 88. Woodhead Publishing, Oxford.

[4] Chivel, Y. 2016. New Approach to Multi-material Processing in Selective Laser Melting. *Physics Procedia* 83, 891–898.

[5] Emmelmann, C. 2018. *Bionik als Wegweise für die Additive Fertigung. Kick-off-Konferenz 3D-Druck-Netzwerk Hamburg.* https://www.hk24.de/blob/hhihk24/produktmarken/branchen-cluster-netzwerke/netzwerke/industrie-umwelt/druck-3d-hamburg/3990242/0713e50d9fa6f715d6b7b437d1fcd814/Vortrag-Prof--Emmelmann-data.pdf. Accessed 9 August 2018.

[6] EOS GmbH. 2018. *Industrieanwendungen – Additive Fertigung in der Industrie.* https://www.eos.info/branchen_maerkte/industrie/weitere_industrieanwendungen. Accessed 9 August 2018.

[7] Farish, M. 2018. *From prototype to production – Automotive Manufacturing Solutions.* https://automotivemanufacturingsolutions.com/technology/from-prototype-to-production. Accessed 23 August 2018.

[8] Gebhardt, A. 2013. *Additive Manufacturing.* Hanser, München.

[9] Jensen, W. 2015. *EOS supports racing team with additive manufacturing. Automotive: Formula Student Germany – EOS supports racing team by producing a topology-optimized steering stub axle.* https://www.eos.info/press/customer_case_studies/rennteam_uni_stuttgart. Accessed 9 August 2018.

[10] Klein, C. *Titan-Teil: Bugatti bringt Bremssattel aus dem 3D-Drucker.* https://www.automobil-produktion.de/technik-produktion/produktionstechnik/titan-teil-bugatti-bringt-bremssattel-aus-dem-3d-drucker-120.html. Accessed 23 August 2018.

[11] Krämer, A. 2017. *MINI Yours Customised – Mit 3D-Druck den MINI personalisieren.* https://www.3d-grenzenlos.de/magazin/zukunft-visionen/mini-yours-customised-auto-personalisieren-27338973/. Accessed 23 August 2018.

[12] Loeber, L. Biamino, S., Ackelid, U., Sabbadini, S., Epicoco, P., Fino, P., Eckert, J. 2011. Comparison of Selective Laser and Electron Beam Melted Titanium Aluminides. SFF Symposium.

[13] Materials Today. 2017. *New technique allows 3D printing of high-strength alloys.* https://www.materialstoday.com/additive-manufacturing/news/new-technique-3d-printing-of-highstrength-alloys/. Accessed 19 August 2018.

[14] RolandBerger, Ed. 2016. *Additive Manufacturing – next generation. Study* 2016.

[15] Schmidt, T. 2016. *Potentialbewertung generativer Fertigungsverfahren für Leichtbauteile.* Springer Berlin Heidelberg, Berlin, Heidelberg.

[16] Sher, D. 2017. *Mass Customized, Automotive 3D Printing Production Is Coming in 2018* -. https://www.3dprintingmedia.network/automotive-3d-printing-production-coming-2018/. Accessed 9 August 2018.

[17] Skrynecki, N. 2010. *Kundenorientierte Optimierung des generativen Strahlschmelzprozesses.* Berichte aus der Fertigungstechnik. Shaker, Aachen.

[18] Spiegel, A., Hillebrecht, M., Emmelmann, C., and Beckmann, F. Wege zum wirtschaftlichen Einsatz der laseradditiven Fertigung. Hybrides Leistungselektronikgehäuse. Lightweight Design, 05/2015.

[19] UPS. 2017. Smarter Operations: The Value Chain's Vital Role in Digital Evolution.

[20] VDI. 2014. Statusreport. Additive Fertigungsverfahren 2014.

[21] Waschbusch, L. M. 2018. *Bugatti entwickelt 3-D-Titan-Bremssattel.* https://www.automobil-industrie.vogel.de/bugatti-entwickelt-3-d-titan-bremssattel-a-679069/. Accessed 27 March 2018.

[22] Wohlers, T. 2017. *Wohlers Report 2017. 3D Printing and Additive Manufacturing State of the Industry.* Fort Collins: Wohlers Associates.

[23] Wohlers, T. 2018. *Wohlers Report. 3D printing and additive manufacturing state of the industry.* WOHLERS ASSOCIATES, FORT COLLINS.

Automated Real-World Driving Tests for the Assessment of Active Safety

Dipl.-Ing. T. Rinnert, Prof. Dr.-Ing. G. Prokop

1 Introduction and Motivation

Since the middle of the last century, the number of people killed and injured in road traffic has risen steadily both in Germany and globally [1]. The reasons for this were, for instance, a continuously growing number of road users due to the increasing spread of the automobile and a lack of safety systems in the vehicles of that time.

In order to counteract this trend, from the 1970s onwards vehicles were also engineered with regard to safety-increasing measures and functions. Among other things, they were equipped with head restraints and safety belts. Others, successively supplemented these initial measures such as the airbag, the anti-lock braking system (ABS) or, later, the electronic stability program (ESP).

In addition to the systems mentioned, which are intended to protect the occupants of a vehicle, the so-called vulnerable road users (VRU), i.e. pedestrians and cyclists, who have been ignored for a long time, must also be included in the overall assessment of traffic safety. To protect them, passive measures have been in use for several years (see Chapter 2.1) to minimize the consequences of a collision with a vehicle. For this purpose, active bonnets or body parts that are designed as soft as possible are installed in the front area of the vehicles. In addition, numerous active precaution measures are implemented (see chapter 2.2) which are designed to prevent the collision in advance by changing the vehicles movement or reduce the impact speed in critical situations.

For the assessment of the effectiveness of these and other systems, various methods are used which can be carried out virtually, semi-virtually or in reality. There are software environments that can examine the crash behavior of the vehicle or the displacement of the occupants at an early stage of the development and thus allow a statement on the effectiveness of passive safety systems. In addition, it is possible to evaluate active safety systems and their influence on vehicle and road safety using complex virtual methods. With the help of driving simulators, effects can also be studied in a virtual environment with a real driver in a real vehicle model and, above all, questions regarding human-machine interaction and driver behavior can be answered in specific scenarios.

In the real world, passive systems are evaluated in crash tests in which the vehicle is partially or completely destroyed. Thus, they provide the final proof of the effectiveness of passive measures.

On the other hand, the real-world driving test completes the method landscape for assessing the effectiveness of active safety systems and is applied at the end of the development process, since a real vehicle or a prototype type is required. It allows testing the functionality and safety benefits of the installed systems in concrete scenarios and also conducting the validation according to technical guidelines or in the sense of a consumer protection test, such as the EuroNCAP.

Under the premise of reliable and constant reproducibility, the real-world driving test by the EuroNCAP or other consumer protection organizations[1] is precisely specified. Therefore, the results obtained by different manufacturers, institutes or laboratories can be compared between various vehicles. At the same time, this circumstance implies high demands on the test execution in order to be able to meet the required boundary conditions and small tolerances. To achieve this, the vehicles to be tested are equipped with measurement systems, robotics and data acquisition systems and additionally coupled with target systems, which imply a certain degree of complexity and thus potential failure sources during test execution and data acquisition.

An obvious conclusion lies in the automation of these real-world driving tests, which also allows the time required both for the execution itself and for data evaluation and thus for the determination of results, i.e. ultimately for the evaluation of the effectiveness of the tested assistance system, to be minimized. With respect to the constantly increasing number of assessment tests that need to be carried out to address new safety functions and systems, it is clear that the factor for saving time in particular is of great importance, besides gaining comfort and ensuring a valid test.

In order to achieve this requirement, this article presents a technical solution with explanations of its structure and functionality as well as possible applications. In addition, possible future topics in the field of vehicle safety as well as in other fields of automotive development are addressed.

1 Other NCAP laboratories, like china, US or global; also NHTSA

2 Basics

At the beginning the basics, used terms and associated abbreviations are explained, to ensure the understanding of the following contents.

In principle, vehicle safety systems are divided into passive and active systems, completed by the term of integral safety describing the seamless time transition between the two. [2]

2.1 Passive vehicle safety

Passive vehicle safety addresses all measures intended to reduce the severity of accidents, with the following intentions being pursued in principle: [3]

- Keeping the driver in the vehicle
- Minimizing the forces and accelerations acting on him
- Not to be injured by parts of the passenger compartment

Today's safety systems, that handle these requirements, are represented by the following components:

- Safety belts and warning systems regarding unbuckled passengers
- Head restraints, sometimes active
- Airbags
- Crumple zones

For further information, please refer to the relevant references, e.g. [3]

2.2 Active vehicle safety

Active vehicle safety systems serve to prevent accidents or reduce the severity of accidents and operate before the actual collision occurs, which means up to Time-To-Collision (TTC) equal to zero. They thus cover the states of normal driving and the critical situation, which can be abstract or concrete, and pursue the following fundamental goals: [2]

- Warn the driver about potential or existing threats
- Support the driver in mitigating a critical situation
- Mitigating the critical situation autonomously

For this purpose, the control variables of the vehicle, i.e. the steering, the accelerator pedal and the brake pedal, are actuated in different combinations, depending on whether a collision with another road user can be avoided by braking or evading or possibly an acceleration. The interaction of the motion quantities of both road users is thereby decisive.

2.3 Addressed EuroNCAP tests – Safety Assist

As part of its consumer protection role, the aforementioned EuroNCAP, in particular the Safety Assist section, offers special, precisely defined tests that enable an evaluation of the active safety systems and thus a comparison between different vehicles. These include forward collision warning (FCW) systems, automatic emergency brake assistants, autonomous emergency braking (AEB) systems and automatic lane departure warning systems, such as Lane-Departure-Warning (LDW), Lane-Support-Systems (LSS), Emergency-Lane-Keeping (ELK), up to self-acting steering systems, the so-called Autonomous-Emergency-Steering (AES). In contrast to lane departure warning systems, these are not based on lane markings but try to avoid collisions by avoiding them without endangering other road users. [4]

Thus, the EuroNCAP provides extensive test series for comparison purposes and has established itself as an important instrument for assessing the performance of a vehicle model. For this reason, its regulations are used as the basis for the design of automated real world driving tests and the complete system, as described in the following chapter, is enabled to carry out the EuroNCAP tests.[2]

2 Nevertheless, the complete system is capable to execute any kind of test scenario after its software has briefly been adapted.

3 Test equipment

The hardware required and already mentioned for the execution is provided by different manufacturers and must be synchronized for the purposes of an automation. For this reason, the Driveability Testing Alliance (DTA)[3] was founded, a competence partnership consisting of four companies, in which the know-how and the respective competences of the partners are bundled into a Plug&Play complete system with all necessary hardware and software components (Figs. 1, 2). The extensive test scenarios and the associated evaluation schemes can therefore be carried out efficiently, with defined result quality, in a defined time and thus process-reliably. The installation of the required hardware is quick and uncomplicated for almost all vehicle classes possible and no changes need to be made to the vehicle under test.

Fig 1: Built-in complete system (cockpit view)

3 Auto Mobil Forschung Dresden GmbH, GeneSys Elektronik GmbH, STÄHLE GmbH, DEWETRON GmbH

Fig 2: Built-in complete system (Backseats)

3.1 Structure and operation of the complete system

Due to strict test regulations, for example in EuroNCAP, it is necessary to constantly adhere to the boundary conditions for longitudinal and lateral guidance of the vehicle during the test procedure to ensure the reproducibility and comparability of the tests. This circumstance directly implies the use of driving robots, which have a much finer control capacity compared to the human driver. As an example, the test speed has to be within a tolerance range of ± 0.5 km/h and the tolerance range of the lateral deviation to the driving trajectory within ± 5.0 cm. [4]

For this purpose, Stähle GmbH offers steering, gas and brake actuators for test installation into the vehicle while using their many years of experience in the field of automated control of vehicle test objects on stationary test stands. These vehicle control actuators are driven by a controller that determines the control signals according to an input driving program. This driving program, also called setup, exists for each test scenario and thus enables the constant and reproducible execution of all test scenarios. The controller uses the set point values from the program to compare them to the actual in real time measured values and then regulates the differences to zero.

For this adjustment, the robotics needs exact, synchronous and reliable measurement data. These include the positions, speeds, accelerations and other measuring data in order to be able to provide the actual values for the adjustment. Therefore, a GPS-based positioning system is used which, taking into account correction data and the superimposed integration of the vehicle accelerations, enables a position accuracy of ± 1 cm. Furthermore, it is necessary, for example for car-to-car[4] or VRU experiments, to exchange the data between two objects via Wifi and allocate them (Fig. 3). This allocated delta variables, which can be referenced to various POIs[5] in or on both objects, enable collision detection with the associated differential speed of both collision partners and hence the process-reliable evaluation of the relevant test parameters (Fig. 4). For the time-synchronous provision of the measuring data from various objects within the test scenario, GeneSys Elektronik GmbH offers the needed measuring technology. Recording and processing of this data takes place in a measuring computer built by Dewetron GmbH as a central interface for all components. Its data recording software contains setups similar to the ones in the robotics, which records the specific measuring data required for each test scenario and also writes general information[6] into the measurement data file.

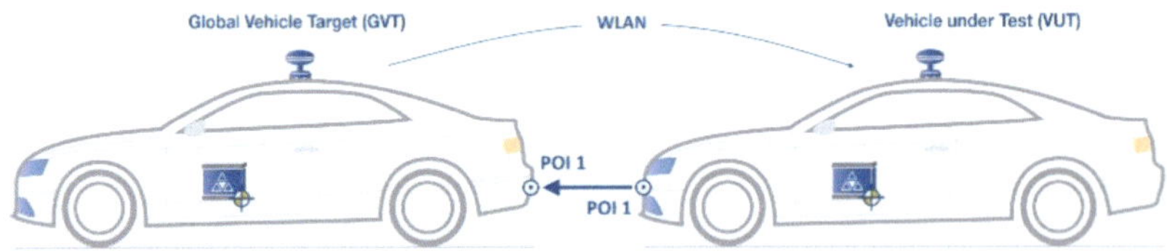

Fig 3: Communication between two objects

4 Vehicle under Test is approaching a standing, moving or braking target

5 **P**oint **o**f **I**nterest: reference point

6 So called Header information: containing general information for the test scenario (test speed, overlapping, built-in systems, etc.)

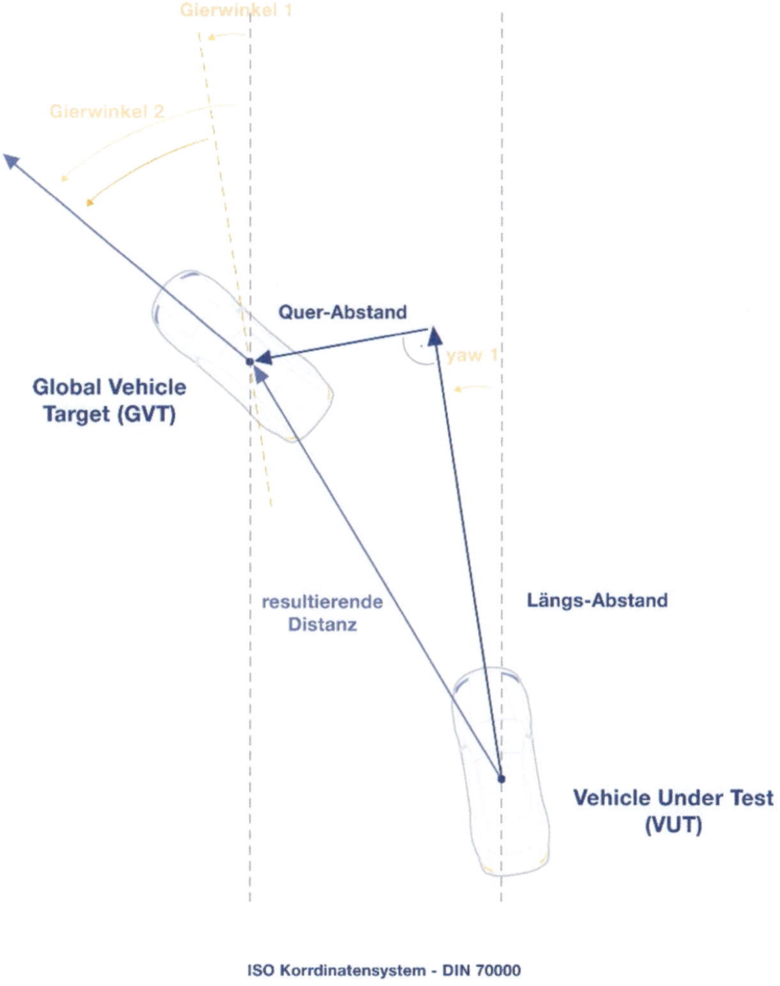

Fig 4: Illustration of delta-calculation

With the help of the mentioned components, the test execution is possible, but the procedures in the test execution are complex and the user is still responsible for the evaluation of the measured data. However, this is the decisive factor in order to be able to calculate the achieved score according to the test specification of the consumer test allowing a statement of how well the vehicle performed in comparison to other vehicles.

As a part of the DTA, the Auto Mobil Forschung Dresden GmbH (AMFD) acts as a service provider, taking over the specific implementation of these development and assessment tests according the guidelines of EuroNCAP and post-processing the recorded measurement data for the evaluation of the vehicle. This is made possible by a script-based evaluation routine that is able to make a statement regarding the quality of the measured data already during the test procedure, to what extent the boundary conditions could be successfully met and which result the vehicle has been able to achieve. Failed tests can be repeated immediately on the basis of these findings, ensuring a complete and valid recording of all required measurement data.

3.2 Further possible applications

The presented complete system offers the possibility to test a single vehicle and its safety systems as well as a far-reaching potential for any future questions. For example, the measurement and communication equipment is able to handle up to eight actors simultaneously and synchronously and to record their data, which allows complex scenarios to be set up and executed. The current tests for individual functions, such as braking or steering intervention, have historically been developed with SAE Levels 1 and 2 [5] including the necessary assistance systems and were implemented in vehicles, but do not represent the means of choice for a comprehensive and valid safety assessment for higher SAE levels.

It is rather the increasing complexity of vehicle safety systems that directly demands comprehensive test scenarios for development and safety assessments, in which it is not the single brake or steering function that is to be examined, but instead the decision to brake or steer is to be made by the vehicle and its intelligence. An automated real-world driving test provides the technical basis needed to generate these scenarios and also allows reliable data recording.

In addition to the evaluation of active safety systems, the complete system can be used for other road tests where high reproducibility is crucial or where small tolerance ranges have to be met. Various tests to evaluate the driving dynamics can be carried out automatically with the aid of prefabricated setups, as well as tests on drivability, driving comfort or endurance testing.

4 Conclusion and outlook

The introduced complete system allows vehicles to be tested individually or in a larger group with several actors automatically in real-world driving tests. In particular, prefabricated setups for robotics and data acquisition enable a fast and reproducible execution of various test procedures, including real-time data monitoring with integrated data evaluation. In this way, the DTA contributes to the accomplishment of increasingly complex and comprehensive test scenarios for the evaluation of active safety systems and at the same time serves possible future questions up to the semi-automated and highly automated driving of SAE levels 3 and 4. [5]

For these future questions, the companies involved continually provide input and support to keep the test equipment up-to-date and prepared for all kinds of test scenarios. This includes necessary adjustments to the hardware but above all to the software. This enables the desired automation of the real world driving tests to be ensured in the future and sustainably reduces the time required for testing scenarios that are becoming increasingly complex.

5 References

[1] Statistisches Bundesamt: „Unfallentwicklung auf deutschen Straßen 2015"; Begleitmaterial zur Pressekonferenz am 12. Juli 2016 in Berlin; Statistisches Bundesamt, Wiesbaden, 2016

[2] Prokop, G.: Vorlesungsskript Kraftfahrzeugtechnik 2 (Gesamtfahrzeugfunktionen SS 2018), Vorlesungsskript, Lehrstuhl Kraftfahrzeugtechnik, Technische Universität Dresden, 2018

[3] Kramer, F.: „Passive Sicherheit von Kraftfahrzeugen", Biomechanik – Simulation – Sicherheit im Entwicklungsprozess, 3. Auflage, Vieweg + Teubner, Wiesbaden, 2009

[4] European New Car Assessment Programme: „Test Protocol – AEB VRU systems" – Version 2.0.2, Euro NCAP, November 2017

[5] SAE International: "Taxonomy and Definitions for Terms Related to Driving Automation Systems for On-Road Motor Vehicles", SAE J3016, Juni 2018

Lightweight vs. Performance – Influence of the Brake Pipe on the Response of Wheel Brakes

Falko Wagner, Univ.-Prof. Dr.-Ing. Ralph Mayer

Technische Universität Chemnitz

falko.wagner@mb.tu-chemnitz.de

1 Motivation

The most direct possible response of the wheel brakes not only provides an increase in driving comfort through direct haptic feedback to the driver, but also leads to a shortening of the stopping distance. Thus, the responsiveness of wheel brakes is an essential feature of driving safety and thus remains an essential part of the global goal of reducing the number of traffic accidents in Vision Zero [1].

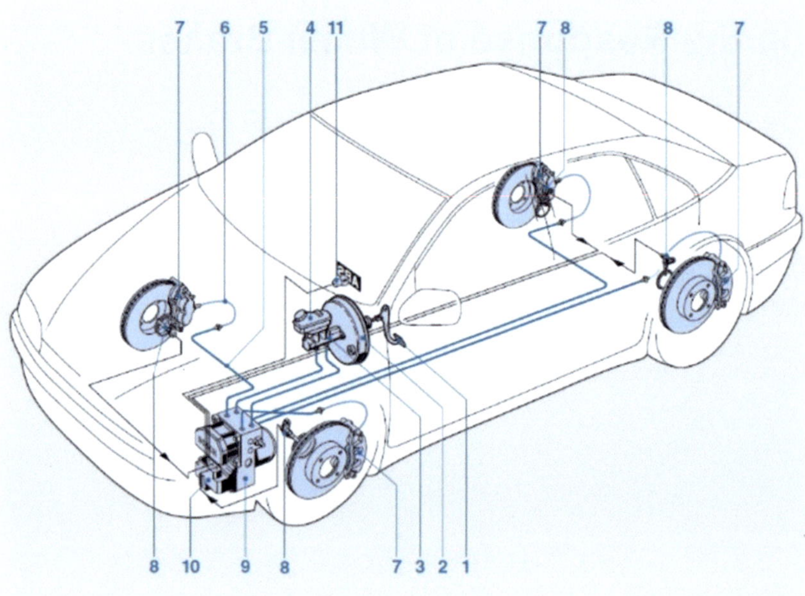

Figure 1: braking system of a vehicle (schematic)

There is a delay of several tenths of a second between pedal pressure build-up (driving request) and effective torque build-up on the wheel brake [2]. The cause of this effect include:

- elasticity of the brake pipes and hoses
- elasticity of the actuator
- compressibility of the brake pad and
- stiffness of the brake caliper

Figure 2 shows the time relationship between brake pressure build-up and effective braking torque determined for a chassis dynamometer for a luxury-class vehicle with a standard braking system in constant speed control with v = 30km/h. In terms of weight reduction, the narrowest possible brake pipe cross sections would be expedient, but these would adversely affect the pressure gradient. Furthermore, curvatures of different radii must be taken into account for the ability to mount the brake pipe, which in turn favors a reduced braking torque increase.

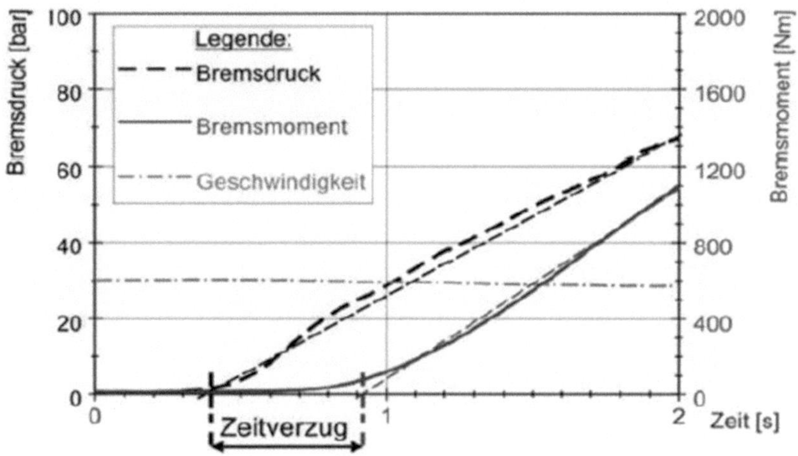

Figure 2: time delay between brake pressure build-up and wheel braking torque

2 State of the art

According to [3] the braking process can be divided into different time periods (Figure 3). Gaze application time and response time are determined by the responsiveness of the driver, while swell time and full braking time are defined by the technical implementation of the brake system.

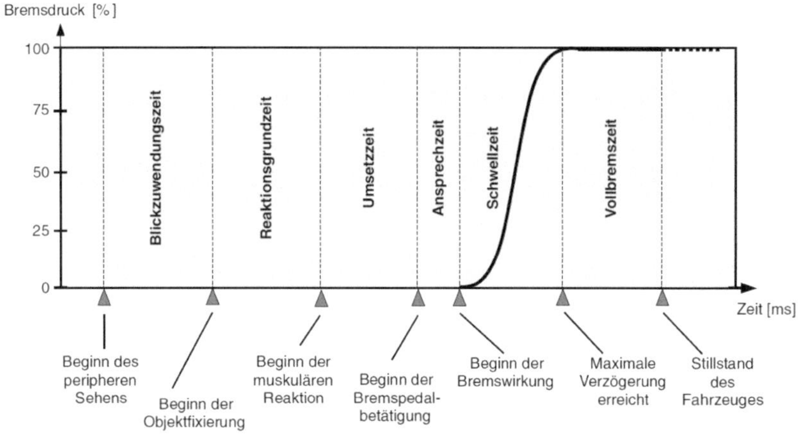

Figure 3: time shares of an emergency braking process [3]

For the characterization of the wheel brake response, the "response time" period is of particular interest. This section begins as soon as the driver touches the brake pedal with his foot and ends with the first contact between brake pad and disc. Thus, the response time is essentially the time needed to bridge the clearance.

During this phase of the braking process, the brake pad moves in the direction of the disc. For this purpose, the brake fluid flows through the system, mainly brake pipes and hoses are relevant. This flow of the brake fluid is associated with losses that have an influence on the duration of the response time. These losses depend, among other things, on the geometry of the brake line. Table 1 gives an overview of standard brake pipe dimensions used today.

The aim of this paper is to theoretically capture the relationship between brake pipe geometry and response time.

Table 1: *dimensions of brake pipes* [4]

<table>
<tr><td>outer pipe diameter</td><td colspan="4">wall thickness s
at pipe</td><td>burst pressure
p_e</td><td colspan="3">specific weight
kg/m</td></tr>
<tr><td>d_1</td><td>B</td><td colspan="2">C</td><td>D</td><td>bar</td><td>B</td><td>C</td><td>D</td></tr>
<tr><td>±0.07</td><td>±0.07</td><td></td><td>toler-ance</td><td>±0.075</td><td>min.</td><td></td><td></td><td></td></tr>
<tr><td>4.75</td><td rowspan="4">0.7</td><td>0.75</td><td>±0.075</td><td rowspan="4">0.75</td><td>1100</td><td>0.07</td><td>0.08</td><td>0.08</td></tr>
<tr><td>6</td><td>0.75</td><td>±0.075</td><td>850</td><td>0.09</td><td>0.10</td><td>0.11</td></tr>
<tr><td>8</td><td>0.75</td><td>±0.075</td><td>675</td><td>0.12</td><td>0.15</td><td>0.15</td></tr>
<tr><td>10</td><td>1.00</td><td>±0.075</td><td>550</td><td>0.16</td><td>0.20</td><td>0.19</td></tr>
</table>

3 Modeling

For the calculation of the response time of wheel brakes, a model was developed that combines the disciplines of technical mechanics/dynamics and fluid mechanics.

3.1 Basic mechanical model

The model presented here contains a number of simplifications, which, however, should have little effect on the final result. Thus, in the calculation of the hydrostatic pressure is neglected due to the small height differences in the brake system. Furthermore, all components are assumed to be incompressible. Thus, the brake fluid mass does not increase in the perfused components.

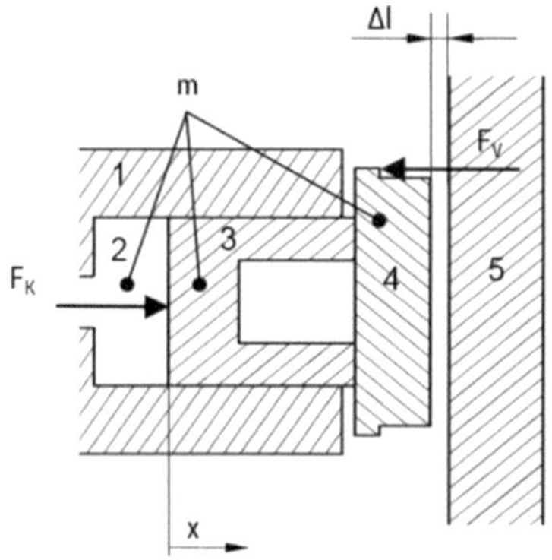

Figure 4: mechanical model

Using the model in Figure 4, the following dynamic equilibrium can be derived:

$$F_K(t) = m \cdot a(t) + F_V \tag{1}$$

The force F_V can hereby be regarded as a preload force to be overcome which presses against the brake lining. It is also possible to interpret them as frictional force. By changing from Equation 1, one obtains the acceleration of the brake pad as a function of time (equation 2).

$$a(t) = \frac{F_K(t) - F_V}{m} \tag{2}$$

The piston force $F_K(t)$ can be written by the multiplication of the piston area and the brake fluid pressure. Here, the fluidic losses (Δp_V) must be considered (equation 3).

$$a(t) = \frac{(p_{hyd}(t) - \Delta p_V) \cdot A_K - F_V}{m} \tag{3}$$

With equation 3, a term was found, with which the brake pad acceleration can be calculated as a function of the brake fluid pressure from ESP and the fluidic losses.

3.2 Fluid mechanical losses

For the determination of the response time of wheel brakes the consideration of the fluid mechanical losses is essential. When the brake system is actuated, brake fluid flows through the system as the existing clearance between the brake pad and disc must be closed. During this process, losses occur in the brake system which cause a pressure drop. Lower brake fluid pressure in the caliper reduces the piston force and the brake pads can be accelerated less. This leads to a decrease in the response time.

The fluidic losses can be subdivided into curvature losses cross-sectional transition losses and pipe friction losses. These are explained in more detail below.

3.2.1 Curvature losses and cross-sectional transition losses

If a fluid flows through a bend or if the cross section of a pipeline changes, a pressure drop Δp_ζ occurs along the pipeline. Both types of losses can be detected by equation 4.

$$\Delta p_\zeta(t) = \frac{1}{2} \cdot \rho \cdot \zeta \cdot v(t)^2 \tag{4}$$

From equation 4, it can be seen that the pressure loss increases with the square of the flow velocity. Furthermore, it increases linearly with the fluid density and the discharge coefficient.

Discharge coefficients can be determined experimentally or by numerical simulations. There are tabular values for frequently occurring geometry which can be found in the literature (Figure 5).

90°-Krümmer; Krümmungsradius *R*

R/*d*		1	2	4	6
ζ-Wert	glatt	0,21	0,14	0,11	0,09
	rau	0,51	0,30	0,23	0,18

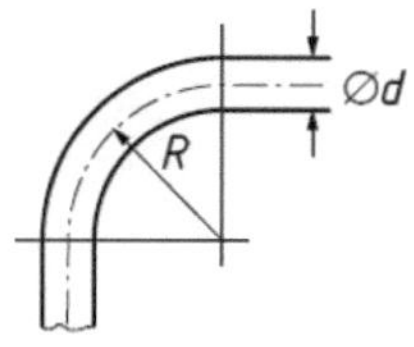

Figure 5: discharge coefficients for a 90° bend [5]

If the brake fluid flows at the same speed in different line sections, the individual discharge coefficients of the curves can be summed up (equation 5).

$$\zeta = \sum_{i=1}^{n} \zeta_i \tag{5}$$

3.2.2 Pipe friction losses

Between the flowing brake fluid and the pipe wall is a friction state. This condition is essentially dependent on whether the flow is laminar or turbulent. To define the flow state, the Reynolds number is used (equation 6).

$$Re = \frac{v \cdot d}{\nu} \tag{6}$$

If the Reynolds number for pipe flows is less than 2320, the flow is laminar. Own calculations in the course of this investigation have shown that this is the case with flows in brake pipes. The pipe friction coefficient for laminar flows is described by the law of Hagen-Poiseuille (equation 7).

$$\lambda = \frac{64}{Re} \tag{7}$$

In general, the pressure loss due to pipe friction can be described by the following equation.

$$\Delta p_{\lambda}(t) = \frac{1}{2 \cdot d_i} \cdot \rho \cdot \lambda \cdot l_L \cdot v(t)^2 \tag{8}$$

3.3 Differential equation of the model

Inserting equation 4 and 8 in 3 leads to the following differential equation.

$$a(t) = \frac{\left[p_{hyd}(t) - \Delta p_{\zeta}(t) - \Delta p_{\lambda}(t)\right] \cdot A_K - F_V}{m} \tag{9}$$

By integrating equation 9 twice, one obtains the location of the brake pad as a function of time (equations 10 and 11). Thus, it is possible to calculate the time necessary to close the clearance.

$$v(t) = \int a(t)dt \tag{10}$$

$$x(t) = \int v(t)dt \tag{11}$$

Since equation 9 is a non-linear differential equation, an equation solver was programmed on the basis of the backward Euler method to solve the problem.

3.4 Model parameters

In this study, the response time of a front wheel brake is to be examined depending on the quality of the brake pipe (curvature losses) and the brake pipe diameter. For this it is necessary to fix some model parameters. These are explained below.

The tested caliper is a 4-piston fixed caliper with a piston diameter of 44mm. The one-sided clearance between the brake pad and brake disc was set to 0.2mm.

The pressure build-up from the hydraulic unit ESP takes place at a rate of 0.4 bar/ms. The brake pipe has a length of 2m. The brake hose is 460mm long. For the brake fluid, a kinematic viscosity of $\nu = 34 mm^2/s$ was assumed. This corresponds to a DOT3 liquid at 25°C [6]. On a biasing force was initially waived.

4 Results

First, the response time of the front brake was determined at various brake pipe diameters. A discharge coefficient value of 5 was used. Figure 6 shows the result graphically.

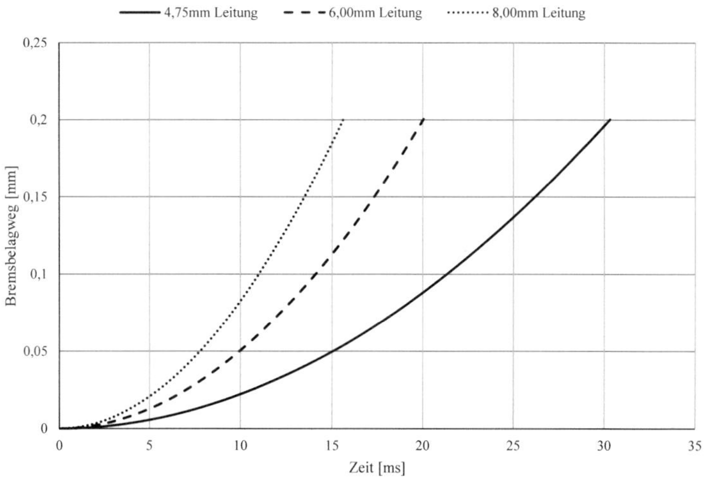

Figure 6: Presentation of the path of a brake lining over the response time for different brake pipe diameters and a discharge coefficient of 5

As can be seen in Figure 6, the response time of the wheel brake decreases significantly with increasing brake pipe diameter. While the response time of a 4.75mm diameter brake pipe is 30.32ms, it approximately halves when using an 8mm pipe and drops to 15.61ms. This means a difference of 14.71ms. Table 2 summarizes the results in more detail.

Table 2: response time at various brake pipe diameters

brake pipe diameter [mm]	4.75	6	8
response time [ms]	30.32	20.05	15.61

Furthermore, the influence of the curvature and cross-sectional transition losses is to be worked out. For this purpose, 3 simulations with a discharge coefficient value of 0, 5 and 50 were performed. A discharge coefficient value of 0 corresponds to an ideally laid pipe without curvature and cross-sectional transition losses.

A discharge coefficient value of 50 is already unrealistically high. However, it should be considered to be a worst-case scenario.

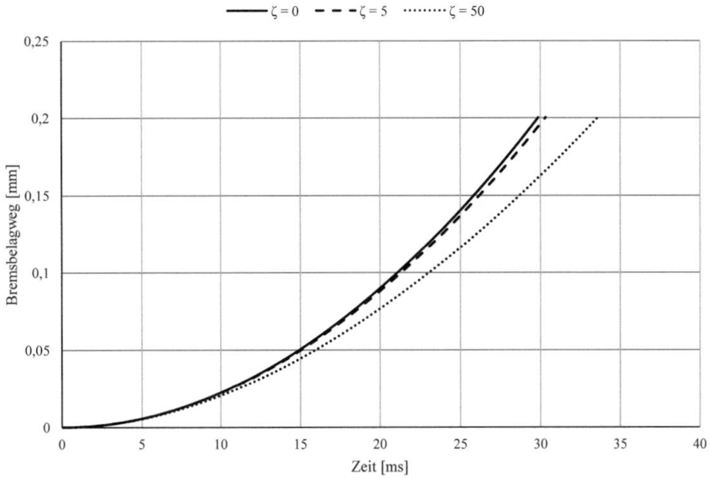

Figure 7: Presentation of the path of a brake lining over the response time for different discharge coefficients and a brake pipe diameter of 4.75mm

Figure 7 shows the influence of the discharge coefficient on the response time of a wheel brake. It can be seen that the difference between an ideally laid brake pipe and a pipe with a discharge coefficient of 5 is relatively small. Only the unrealistically high discharge coefficient of 50 leads to a significant deterioration of the response time. Table 3 summarizes the response time for various discharge coefficients.

Table 3: response time at different discharge coefficients

discharge coefficient [–]	0	5	50
response time [ms]	29.87	30.32	33.57

As already mentioned in the introduction, a short response time from a driving safety-technical aspects is desirable. To achieve this, brake pipes with larger diameters can be used. However, this is accompanied by an increase in vehicle weight (Table 4).

Table 4: Weight of various brake pipe sizes with a total length of 14m

outer pipe diameter [mm]	weight of the pipe [kg]	weight of the brake fluid [kg]	total weight [kg]
4.75	0.98	0.13	1.11
6	1.26	0.24	1.50
8	1.68	0.50	2.18
10	2.24	0.85	3.09

5 Summary

In the present study, a mathematical model has been developed, which makes it possible to approximate the response of wheel brakes as a function of various parameters. This model is based on a series of simplifications that should be more accurately expressed in future considerations to improve predictive accuracy. Also, a validation of the simulation results with series of measurements is sought.

The simulations have shown that both, the way in which the brake pipes are laid (curves) and the brake pipe diameter have an influence on the response time of wheel brakes.

However, the degradation of the response time due to not ideally laid brake pipes is less important than the brake pipe diameter. Nevertheless, it is desirable to lay the brake pipes as smoothly as possible in order to gain maximum performance.

Increasing the brake pipe diameter significantly reduces the response time. For example, the difference between an 8mm pipe and a 4.75mm pipe is 14.71ms. A vehicle at a speed of 130km/h travels a distance of 0.531m in 14.71ms. This distance could be saved with a full braking performed by an average driver. Assuming a total brake line length of 14m in the vehicle, this would mean a weight gain of 1.07kg.

Furthermore, it can be deduced from the analysis presented here that front axle brakes respond faster at the same clearance than rear axle brakes. This can be explained by the length of the brake pipe, which is usually longer for rear axle brakes. The simulation showed a difference of 10ms from front to rear with a length of 2m and 4m respectively. In future brake-by-wire concepts with an electro-hydraulically actuated rear axle brake, this circumstance should be taken into account in order to avoid overbraking the rear axle.

6 Bibliography

[1] A. e. Mendoza, „The Worldwide Approach to Vision Zero: Implementing Road Safety Strategies to Eliminate Traffic-Related Fatalities," *Curr Trauma Rep,* pp. 104-110, 28 April 2017.

[2] R. Mayer, "Bremsassistenz," in *Fahrwerkhandbuch*, Wiesbaden, Vieweg + Teubner, 2008, pp. 546-547.

[3] B. Breuer, Bremsenhandbuch, 5. ed., Wiesbaden: Springer Vieweg, 2017.

[4] DIN-74234, *Hydraulische Bremsanlagen, Bremsrohre Brödel,* Berlin: Beuth Verlag, 1992.

[5] L. Böswich and S. Bschorer, Technische Strömungslehre, 10. ed., Wiesbaden: Springer Vieweg, 2014.

[6] M. e. Kao, "Copper-oxide brake nanofluid manufactured using arc-submerged nanoparticle synthesis system," *Journal of Alloys and Compounds,* pp. 672-674, 13 Oktober 2006.

[7] M. Burckhardt, Fahrwerktechnik: Bremsdynamik und Pkw-Bremsanlagen, 1. ed., Würzburg: Vogel Verlag, 1991.

7 Symbols directory

symbol	explanation	unit
A_K	piston area	m^2
a	acceleration	m/s^2
d	diameter	m
F_K	piston force	N
F_V	clamping force	N
Δl	clearance	m
l_L	brake pipe length	m
m	mass	kg
p_{hyd}	brake fluid pressure from ESP	Pa
Δp_V	pressure loss	Pa
Δp_ζ	pressure loss due pipe geometry	Pa
Δp_λ	pressure loss due pipe friction	Pa
Re	Reynolds number	-
t	time	s
v	velocity	m/s
x	place	m
ζ	discharge coefficient	-
λ	pipe friction coefficient	-
ρ	density	kg/m^3

Development of a Road Condition Observer for the “Vehicle Motion Control” Project

Dr. Thomas Raste, Peter Lauer, Bernd Hartmann

Overview

The Continental Road Condition Observer (RCO) forms a necessary additional module to the Advanced Driver Assistance Systems (ADAS) of today and the Automated Driving Systems (ADS) systems of the near future. The purpose of RCO is to ensure best possible active safety under the prevailing driving conditions. Use of road friction information in order to calculate safe braking distances and safe maximum speeds will be an indispensable requirement for autonomous vehicles. Here we present a development approach for an RCO that detects global friction based on intelligent sensor fusion. This solution also supports a Road Database Service for detecting and communicating friction information. Below, the complex interaction between the various system components is illustrated with the aid of research and development results for an ADS-controlled vehicle operating in high-μ and low-μ conditions, including stability-critical driving situations that trigger ESC interventions.

Introduction

The Continental Road Condition Observer (RCO) opens up new application possibilities in the field of automated driving and driver assistance systems. Safe operation under virtually all ambient conditions is an essential requirement for vehicles that are to be used in everyday, real-world driving conditions. The RCO is intended to reduce accidents when driving on wet or slippery roads. An algorithm identifies typical attributes of four different categories of road condition: "dry", "wet", "snowy" and "icy". The "wetness" detection capability is already undergoing advanced testing by vehicle manufacturers. The Road Condition Observer uses the vehicle's existing sensors to determine how much grip the road surface offers. This information can then be used to adapt the performance of the driver assistance systems to the actual road conditions. For example on a wet or snow-covered road surface, an automatic emergency braking maneuver must start much sooner than if the road is dry, if an impending collision is to be prevented (fig. 1).

Fig. 1: The RCO system classifies road conditions into the categories dry, wet, snowy or icy, using the driving dynamics sensors and a mono camera.

The automotive industry has long been researching ways to detect the available tire/road friction at the earliest possible stage, so that this information can be used to support control interventions by assistance systems in the subject vehicle. [1],[8],[9],[10] All earlier efforts in this direction failed however, due to inadequate sensors and insufficient, or prohibitively expensive, computing capacity. Now Continental has succeeded in developing a system capable of detecting road conditions and classifying them into the categories dry, wet, snowy and icy.

In the current development phase, the focus is on snow and ice testing in northern Sweden, where the system's ability to detect (heated) asphalt is being intensively tested. Among other things it is also intended to use friction coefficient detection in connected applications, to supply information to other road users. This would allow automated systems to evaluate driving conditions further along the road.

As a step toward this ambitious goal, testing and research work has been carried out using an automated vehicle. The comparison of learned friction values with actual, newly acquired values was demonstrated in a prototype vehicle.

RCO components

The following overview presents the various components used to detect friction conditions, and describes how they are used.

Brake system

The brake system, with its fast and accurate wheel speed sensing capability, provides an ideal platform for evaluating the local slip at the wheels. The slip values can then be correlated to the wheel torque/forces to calculate a friction coefficient. The driving status can be additionally monitored with the help of the ESC interventions performed by the anti-lock braking (ABS), traction control (TCS) and lateral stabilization (AYC) systems, making it possible to determine acceleration magnitudes and in turn to estimate the maximum achievable friction coefficient. Fig. 2 shows a typical slip curve during vehicle acceleration and on overrun.

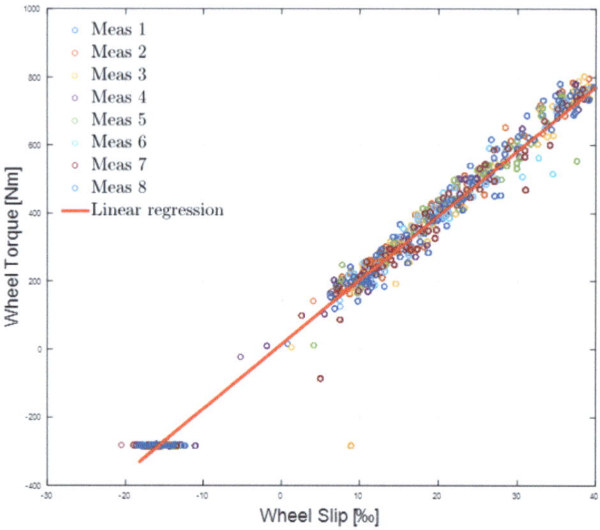

Fig. 2: Conti WinterContact TS860, V=70km/h, acceleration on asphalt.

Every tire exhibits its own characteristic torque/slip curve. This relationship, along with others, can be "learned" in appropriate driving situations. Significant factors affecting the curve gradient include air pressure, temperature, wheel load and sideslip. Here Continental can draw on its long experience regarding the use of learning systems in the development of indirect and direct tire pressure monitoring systems. The Swedish demonstration clearly confirmed that using learned, suitably parameterized algorithms, the curve gradients measured on snow and ice are clearly distinguishable from those on dry and wet surfaces.

Powertrain system

In a modern powertrain, the wheel forces are controlled by the overall powertrain management system. This is the case both for electric powertrains and for conventional powertrains featuring an internal combustion engine and transmission. The prototype vehicle was equipped with the necessary control interface. The wheel torque value at any given time is sent by the powertrain management system to the RCO via CAN.

The important differentiation between high- and low-friction conditions is performed on the basis of the differences between the initial gradients of the friction-slip curves [2]. As shown in the example in fig. 3, the differences in gradient are apparent even at low drive torques. Typically, a vehicle acceleration of less than 0.2 g is sufficient to allow the steep gradient which indicates a high-friction surface to be detected and differentiated from the very fuzzy, flat slip curve for a low-friction surface. This method is referred to below as "microslip analysis".

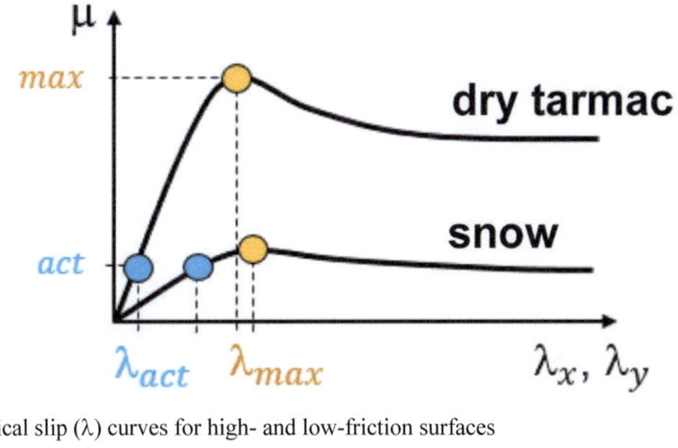

Fig. 3: Typical slip (λ) curves for high- and low-friction surfaces

Since the measurements show a high degree of scatter, determination of the curve gradient requires filtering and approximation of the measured values by linear regression. The time required for this analysis and for determining the curve gradient is in the order of seconds. At the present time, this analysis can only be performed during overrun phases. However, work is underway to extend this to braking phases. A key aspect here is determination of the reference wheel speed, where somewhat lower accuracy is obtained when all wheels are being braked than in driven case when just one axle is being driven.

Camera

Camera-based algorithms extend the detection capability to four different friction categories. The available tire/road friction coefficient can be categorized into the four classes "dry", "wet", "snowy" and "icy". Within each class, finer analysis is possible as described above, particularly under low-friction conditions due to the frequent control interventions by the driver assistance systems.

Findings from the camera image analysis can also be used to verify the plausibility of the results from the microslip analysis. The camera-based techniques are based on pattern recognition and color identification.

Fig. 4: Classification based on camera image

Both conventional algorithms and AI techniques based on neural networks are used. As shown in fig. 4, detection of the friction coefficient must be supplemented by localization of the detected values within the lane. A strength of the AI algorithms is their detection capability in wet weather. This is because wet weather provides better conditions for pattern recognition, and because the tire spray is also clearly visible.

Aquaplaning

The first source of information for aquaplaning warning systems is wheel speed analysis. On rear-wheel drive vehicles the front wheels, and as a result the vehicle as a whole, are sharply decelerated by the surge resistance of the water, without braking pressure being developed. A road speed above 80 km/h is a further critical factor for aquaplaning. The camera can confirm aquaplaning from observation of the spray at the wheels. In the case of front-wheel drive vehicles, further evidence of aquaplaning is provided by sharp vehicle deceleration despite overspeeding drive wheels (for as long as the driver is still trying to accelerate).

In the precursor phase to aquaplaning, a critical situation can be detected using the acceleration sensors in the tire. The Continental "electronic Tire Information System" (eTIS) tire pressure sensors can be used to measure vertical acceleration. During the cyclical contact patch flattening phase, the signals may exhibit a vibration profile typical of wet conditions, which can be used to detect a critical wet-road driving situation. [3]

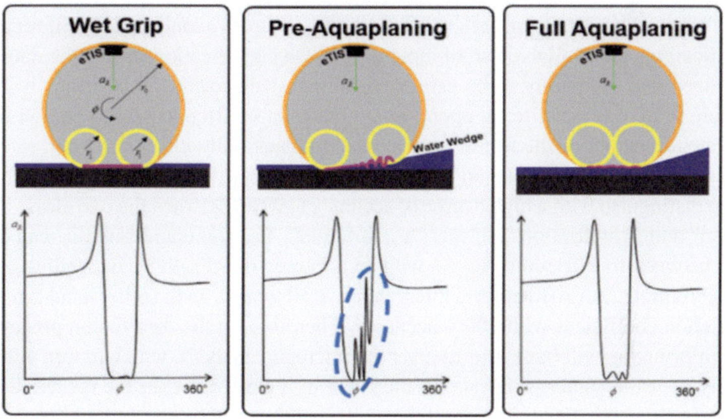

Fig. 5: eTIS analysis of wet-weather and aquaplaning behavior

If a small surge resistance develops when driving in wet weather, this results in a characteristic vibration profile being exhibited in the tire contact patch, indicating a potential hazard due to a "pre-aquaplaning situation", as shown in figure 5. The necessary additional eTIS functionality is currently in development.

Further information sources

Further types of data which can be used as information sources include weather data and local temperature information, for example from the internet. To support this, Continental developed the "electronic horizon" (eHorizon), which by integrating digital map data with sensor-based data from the cloud allows the vehicle to "see into the future". In order to supply eHorizon with the required accurate road data, Continental also developed the Road Database service. This service uses the vehicle itself as a sensor for obtaining route information, using the existing sensors to acquire information about the road geometry and roadside infrastructure, while also collecting and statistically evaluating information about road friction. As figure 1 indicates, infrastructure in the form of a backend server or C2X communication is needed if the vehicle is to be able to detect friction conditions in advance. For example, a safe speed for an upcoming corner can only be adopted if the friction coefficient at that bend is known prior to braking/deceleration.

Data fusion

Data fusion using data from different information sources is only possible if reliability classifications are available for all input data. Such classifications allow the data to be prioritized and its quality to be estimated prior to data fusion. This means it is then possible to give priority to an approximate but reliable friction categorization over a fine categorization, or the former can be used to plausibility-check the finer, more detailed categorization. To take an example: in a given case microslip analysis, which is able to distinguish with a high degree of accuracy (~99%) between the two classes "high friction" and "low friction", detects "high friction". The camera meanwhile can distinguish between four friction classes, with an accuracy of 95%-98%, depending on ambient conditions. An ABS control intervention at all wheels on the other hand can detect the friction coefficient with 100% accuracy. Therefore, in the data fusion process, the ABS information will have priority over the microslip analysis, which in turn will have priority over the camera analysis. In the event of a clash between the camera and the microslip analyses, determination of the road condition will be delayed until a clear and unambiguous assessment can be made.

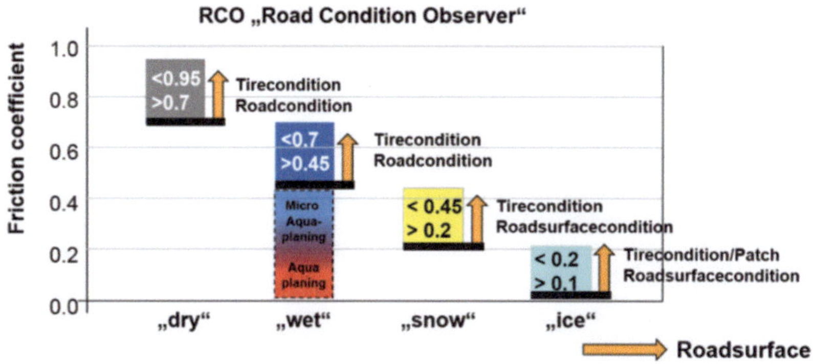

Fig. 6: Friction class differentiation

As shown in fig. 6, the friction coefficient can be differentiated into four different classes. Within this system, aquaplaning can be regarded as an additional class in its own right. An important differentiation can be made as follows: a high friction coefficient above 0.5 indicates that under relaxed driving conditions using only a portion of the available friction (g-force under approx. 0.2g), the automated driving system or the assistance systems will still have plenty of scope available for emergency braking or for emergency evasive action. If on the other hand the detected friction coefficient is less than 0.5, this restricts the maximum possible acceleration and deceleration in an emergency. The differentiation between these two classes is very approximate, but at the current state of the art can already be performed reliably. Continental's aim, geared to ensuring a safe market introduction of automated driving systems, is to differentiate the friction coefficient into four classes. Below, we show the accuracy with which friction coefficient learning can already be performed in the vehicle today, using existing methods. The assistance systems on the market at the present time are not yet capable of detecting friction coefficients in advance, but only after the start of a control intervention.

The Motion Control project

SAE has defined 5 levels of driving automation (cf. fig. 7). Under this classification, the driver still retains a monitoring and decision-making role up to level 3. Upwards of level 3 the automated driving system should, and from level 4 it must, be capable of deciding autonomously whether to assume responsibility for the driving task.

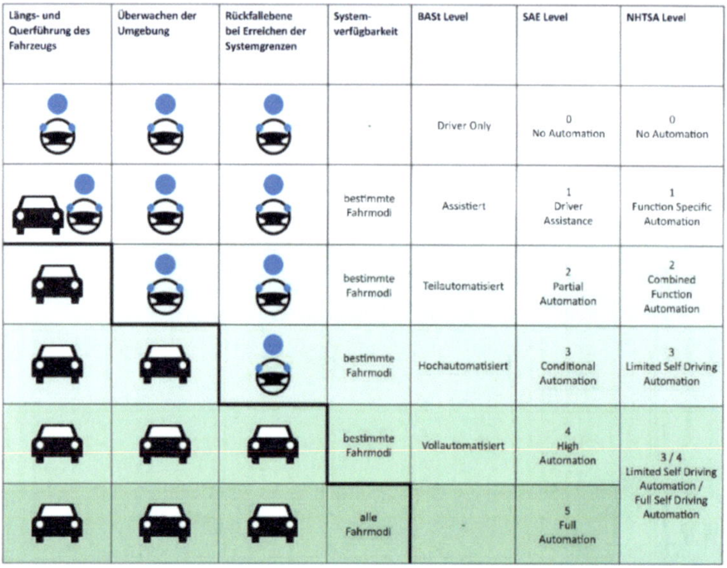

Fig. 7: Degrees of automation [11]

For level-2 assistance systems which automatically maintain a safe following distance, access to reliable friction coefficient information needs to be ensured as soon as possible.

Motion control for automated driving is a focus of development projects being carried out at the present time by a wide range of vehicle manufacturers and suppliers, e.g. [4], [5], [6]. Continental is developing a motion control system that will offer the advantage of easy application and that is designed to function robustly, without the need for modifications, across a large number of vehicle model ranges, configurations and applications. Uniform, standardized interfaces are also important, making it easier to swap modules for higher-performance versions (fig. 8).

Horizontal vehicle motion is produced by the wheel steering angles and wheel moments at any given time, which also determine the horizontal tire forces. Vertical vehicle motion meanwhile is determined by the suspension forces. The concept of motion control is based on the principle of inverse kinematics. That is to say it involves working back from the desired kinematic motion in order to establish the corresponding control variables, namely the dynamic tire forces and wheel steering angles and the corresponding wheel moments. To compensate for the inevitable disturbance variables, measures such as appropriate controls and disturbance compensation must be used.

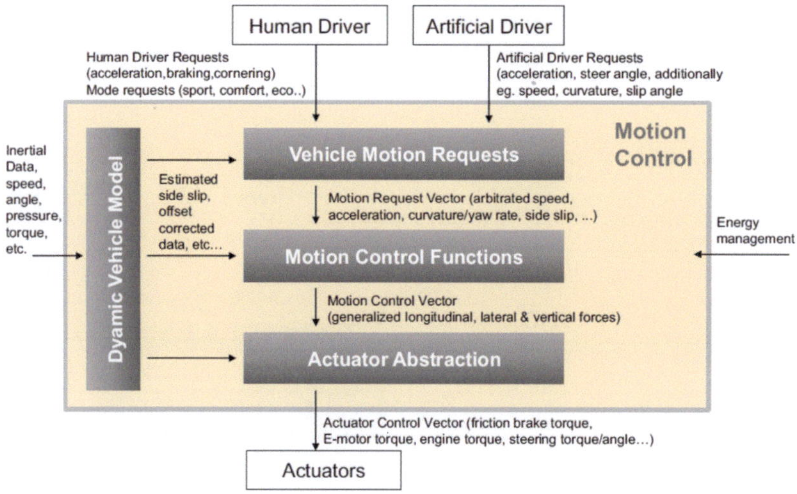

Fig. 8: Motion Control architecture

When determining the control variables, it is helpful to split up the control system into a number of cascaded levels connected by clearly defined interfaces. The system can then be changed or added to more easily and more efficiently, since normally only one level will be affected rather than the whole system. This splitting may, however, result in a structural limitation of the control system, with implications for system stability. This can be tackled by smart splitting of the software, for example with fast control actions assigned to control units mounted close to the relevant actuators. In addition to dead-time optimization, a further important aspect is the allocation of motion commands to the individual actuators. In so-called over-actuated systems, the number of control variables exceeds the number of degrees of freedom of vehicle motion. To facilitate coordinated actuator operation, optimization-based allocation algorithms can be used. Further criteria that can be taken into account here include actuator saturation, reconfiguration to ensure fault tolerance in the event of actuator failure, increased energy efficiency and minimized wear. [7]

Possible vehicle motion is limited by a number of factors: the performance limits of the actuators and sensors, the road conditions, passenger comfort and safety, the requirements of other road users and infrastructure factors. These limiting factors must be systematically taken into account in the design of the control system right from the top cascade level. Preferably, a continuous predictive capability should also be incorporated. This will be ensured, in the future, by seamlessly connecting vehicles with other vehicles or with data centers. The latter will supply all connected vehicles with swarm data, for example regarding road conditions. Recent studies are based on a model predictive approach (Model Predictive Control, MPC) which is able to take into account a preview of the route, including any constraints [12].

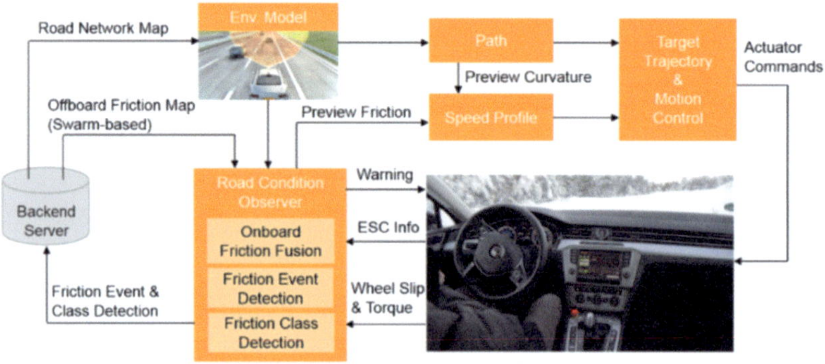

Fig. 9: Road Condition Observer and Motion Control in the automated driving control loop

As shown in fig. 9, the RCO system incorporates three important components, the first two of which are based on collation of the data about driving conditions acquired on board the vehicle, such as friction class information derived from road observation using the onboard camera and microslip analysis, together with the more detailed information about utilized friction potential acquired whenever the control systems intervene. This information, which is provided with configuration data from the vehicle, is sent as “events” to a backend server. The third component involves fusion of local data with the data from the backend server, where the data from all participating vehicles has been aggregated, standardized and fused. This local fusion based on the server data allows the control systems to predict the expected friction values a long way ahead on the subject vehicle’s upcoming route.

Functional integration

Automated friction coefficient detection was demonstrated in winter 2017/18 on a number of test tracks in Sweden. The elements of the RCO system that use tire slip to determine the current friction coefficient were presented to the public. A vehicle equipped with automated steering, braking, acceleration and transmission-shifting automatically learned the friction values on a snow-covered handling track. Vehicle localization was provided by a Differential Global Positioning System. DGPS is a highly accurate GNSS positioning system which, using orbit and time corrections, is capable of delivering a positioning accuracy of 2 cm (OXTS RT4000).

Fig. 10: Autopilot system with friction coefficient detection in prototype trial on Swedish snow handling track.

Using DGPS positioning, the circuit was first of all pre-driven and the data plotted in a road map. The Motion Control system was then able to pilot the vehicle precisely around the circuit. Before each bend, the maximum possible speed was determined on the basis of curvature and friction coefficient (conservative value). Friction coefficients were determined at all points during the learning and pre-driving process. These values are learned by the system in association with the respective position on the circuit, and can subsequently be locally saved. The aim, in a future commercial application, will be to make this data available to all vehicles via the Continental Road Database.

On a road section with heated asphalt, in ambient temperatures down to -30°C, the friction coefficient while driving with low vehicle acceleration was identified as "high friction". This friction class was assigned a high-mu numerical value (HM). If snow was detected, the friction class was assigned a fixed low-mu (LM) value. Finer analysis of the friction coefficient within the HM and LM classes was performed with the aid of other criteria. Such analysis took into account ABS, TCS and ESC control actions, along with utilized acceleration potential and the driving situation. Differentiation of friction values on dry road surfaces is preferably performed using camera image analysis, but the test vehicle used in the demonstration was not equipped with this technology.

Summary

The Continental Road Condition Observer (RCO) combines a number of different sensors into an integrated system capable of identifying four different classes of friction coefficient. In future, the aim will be to aggregate the information centrally and make it available to all vehicles via a cloud-based service. The elements of the RCO system that are based on wheel information were demonstrated in a test vehicle in Sweden. The demonstration vehicle was equipped with a control system which allowed the vehicle to drive autonomously round a snow handling track using a map and DGPS system, while at the same time automatically learning the friction values for the circuit.

References

[1] Magnusson, P.; Frank, H.; Gustavsson, T.; Almkvist, E.: Realtime high-resolution road condition map for the EU. Chassis Tech Plus, München, 2018

[2] Mitschke, M.;Wallentowitz, H,: Dynamik der Kraftfahrzeuge. 4. Aufl. Springer, 2004, S. 19

[3] Raste, T. ; Hartmann, B.; Kretschmann, M.: Assistance System for Aquaplaning Situations. VDI Fachtagung Reifen – Fahrwerk – Fahrbahn, Hannover, 2017

[4] Rathgeber, C.; Winkler, F.; Odenthal, D.; Müller, S.: Lateral Trajectory Tracking Control for Autonomous Vehicles. European Control Conference, Strasbourg, 2014.

[5] Rieth, P.; Raste, T.: Integrationskonzepte der Zukunft. In: Winner, H. Hakuli, S.; Lotz, F.; Singer, C. (Hrsg.): Handbuch Fahrerassistenzsysteme. 3. Aufl. Springer, Wiesbaden, 2015, S. 1083-1092.

[6] Münch, E.; Bestmann, H.; Lovell, C.; Pollmeyer, S.; Khaniki, M.S.; Schulte, D.: Vehicle motion control layer – a modular abstraction layer to decouple ADAS from chassis actuators. Chassis Tech Plus, München, 2018

[7] Raste, T. ; Tarraf, A.: Flachheitsbasierte Trajektoriengenerierung und Folgeregelung mit modellprädiktiver und modellfreier Regelung. VDI/VDE Fachtagung AUTOREG, Berlin, 2017

[8] Peussa, P.; Koskinen, S.; Varpula, T.; Nord, S.; Pesce, M.; Haas, T.; Nepote, A.; Hüsemann, T.; Tuononen, A.: Fahrzeugbasierte Schätzung des Reifen-Fahrbahn-Kontaktes im Fricti@n-Projekt. Aachener Kolloquium Fahrzeug und Motorentechnik, Aachen, 2008

[9] Andersson, M.; Bruzelius, F.; Casselgren, J.; Hjort, S.; Löfing, S.; Olsson, G.; Rönnberg, J.; Sjödahl, M.; Solyom, S.; Svendenius, J.; Yngve, S. : Road Friction Estimation, part II. Intelligent Vehicle Safety Systems (IVSS) Project Report, Sweden, November 2010

[10] Khaleghian, S.; Emami, A.; Taheri, S.: A technical survey on tire-road friction estimation. Friction, 123-146, 2017

[11] Carhs.training GmbH; Safety Companion, S.134, www.safetywissen.com, 2018.

[12] Johansen, T.; Fossen, T.I. : Control Allocation – A survey. Automatica 49, 2013, pp.1087-1103

[13] Andersson, A. : Road-Tire Friction Estimation for AFS Vehicle Control, Master Thesis, Lund University, 2006

[14] Prokes, J. :Realtime estimation of tyre-road friction for vehicle state estimator, Chalmers University, 2015

[15] Klempau, F.: Untersuchungen zum Aufbau eines Reibwertvorhersagesystems im fahrenden Fahrzeug, TU Darmstadt, 2003

Generation of Fine and Ultrafine Particles During Braking and Possibilities for Their Measurement

Christof Asbach[1], Ana Maria Todea[1], Marco Zessinger[2], Heinz Kaminski[1]

1 Institut für Energie- und Umwelttechnik e. V. (IUTA), Bliersheimer Straße 58-60, 47229 Duisburg, Germany
2 Link Engineering, Am Fleckenberg 10, 65549 Limburg, Germany

1 Introduction

Exposure to airborne fine particles has been associated with increased morbidity [1] and mortality [2]. In the EU, fine dust is defined as airborne respirable particles with aerodynamic diameters below 10 µm (defined via a pre-separator that has an efficiency of 50% for 10 µm particles). Fine dust is therefore also termed PM_{10} (particulate matter < 10 µm). PM_{10} sources can be of both natural or anthropogenic origin. Traffic has raised particular attention in the recent years, as its urban emissions often occur in densely populated areas and therefore contribute to an increased burden of the general public. Depending on the layout of the street and the weather situation, the air exchange may be hindered, causing accumulation of the pollutant concentrations, particularly in street canyons. Since January 1st, 2005, communities in the EU are obliged to comply with the daily limit value of 50 µg/m³, set forth in the first daughter directive 1999/30/EG. This 24 h average value must not be exceeded on more than 35 days per calendar year.

In the recent years, the focus has shifted more towards ultrafine particles (UFP) with sizes below 0.1 µm (100 nm). These particles can penetrate deep into the lung and deposit in the alveoli. It was shown that for the same mass dose, these small particles may cause stronger toxicological effects than their larger counterparts [3]. However, these small particles only have very low masses and therefore contribute only minutely to PM_{10} concentrations. Therefore, ultrafine particles are typically quantified by their number concentrations, which also seem to correlate better with their respiratory effects [4]. UFP may furthermore pass the air-blood-barrier and be transported via the blood to other end organs [5]. Typical UFP sources are mainly combustion processes, e.g. from traffic [6] or heating [7]. Due to their low masses, UFP almost don't settle and can remain suspended in the air over long time and consequently can be transported over long distances [8].

While in the past the main focus was on the reduction of tailpipe emissions, current efforts have shifted to reducing non-exhaust emissions, such as re-suspension of road dust, as well as tire and brake wear particles. According to Grigoratos and Martini [9] brake dust emissions contribute 55%, i.e. the largest amount, to the total non-exhaust emissions in urban areas. In total, around 21% of the urban traffic-related PM_{10} emissions are brake wear. Brake wear particles are furthermore mostly metallic and therefore reactive and potentially toxic. It is hence advisable to reduce brake wear emissions. To do so, it is firstly necessary to understand the underlying particle generation mechanisms and secondly to lay out measurement set ups suitable for the reproducible quantification of the release of brake wear.

2 Particle generation during braking

In general, the particle generation processes can be distinguished into 1) mechanical, 2) thermal, and 3) chemical processes. However, for the particle generation during braking only mechanical and thermal processes are relevant. Mechanically, particles are generated by a top-down comminution process, by abrading particles from the pad and disc material. Disproportionately high energy input is needed to disintegrate ever smaller particles. Therefore, mechanically generated particles typically reach stable sizes in the micrometer size range [10]. Furthermore, the rotation of the disc, as well as the air flow around the disc, may release particles from its surface. In this case, the external forces acting on the particles need to be stronger than the adhesion forces that hold the particles on the surface. The van-der-Waals force plays a major role in this case. The van-der-Waals force is an electrostatic force, arising from the formation of dipoles in the particle and the surface. This force exhibits a much weaker particle size dependence than e.g. the centrifugal or the drag force which may trigger the release of particles. Consequently, with decreasing particle diameter, the van-der-Waals force effectively adheres particles to surfaces [11]. Therefore, release of deposited particles from surfaces is mainly applicable to particles in the micrometer size range. The release of deposited ultrafine particles is nearly impossible.

Thermally generated particles stem from the formation of new particles from the gas phase in the presence of a strongly supersaturated vapor phase. Initially molecular clusters are formed in the sub-nanometer size range which then grow by condensation of the vapor. Since the particles are built up molecule by molecule ("bottom-up"), the eventual particle sizes typically reach only a few nanometers. This process is also called nucleation. The number concentrations of nanoparticles generated via nucleation are very high ($>10^9$ 1/cm^3), resulting in quick agglomeration of the particles. Nucleation can cause particle formation, e.g. in the atmosphere [12], or in combustion processes [13], e.g. in or downstream of combustion engines [14]. In case of friction brakes, nucleation only occurs in case of high brake temperatures. Once the brake exceeds a critical temperature level, components of especially the brake pad may evaporate. While the vapor is carried away from the brake with the air flow around the brake, the air cools down, resulting in supersaturation of the vapor and the onset of nucleation. Figure 1 schematically shows this process. Perricone et al. [15] reported very high particle number concentrations of $>10^9$ 1/cm^3, measured on a dynamometer test bench only when a high load was applied to the brake and when consequently it got hot. Nosko et al. [16] used a novel measurement technique to specifically study size resolved number concentrations of nucleation particles in a size range from 1.3 nm to 10 nm using a pin-on-disc system. They investigated low-metallic and NAO pads and found that in both cases the concentrations of these small particles strongly increased when the brake temperature exceeded 160°C. With increasing temperature, especially the concentration of the smallest particles, in a range from 1.3 nm to 4.4 nm, strongly increased.

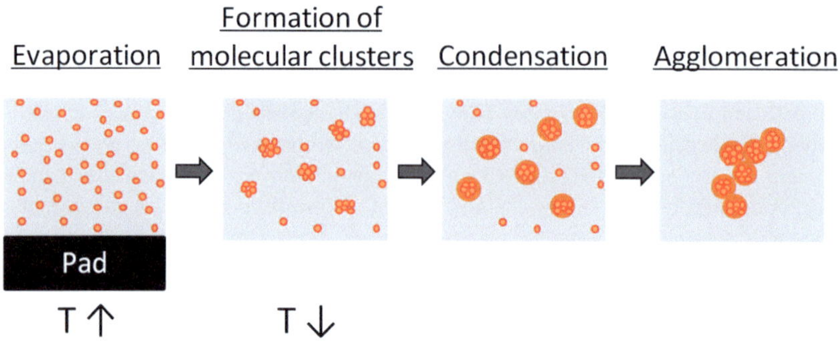

Figure 1: Schematic representation of particle generation by nucleation in brakes

In summary, mainly two particle fractions are generated during braking. On the one hand, micron particles are generated mechanically. On the other hand, nucleation leads to the formation of particles in the lower nanometer size range.

3 Aerosol measurement techniques

Airborne particles generated during braking range over a very wide size spectrum, starting at about 1 nm up to dozens of micrometers. Particles larger than 10 µm are no longer considered to be respirable and are therefore rather a cosmetic problem, as they may soil the rims. These are not further treated here. However, also the remaining size range from 1 nm to 10 µm covers four orders of magnitude. Different measurement techniques are needed in order to measure particles in such a wide size range. In the following, these techniques are briefly introduced, divided into measurement techniques for UFP and for PM_{10}. Furthermore, particles may be collected for subsequent gravimetric, microscopic or chemical analyses. Samplers needed for the collection are discussed in a separate section.

3.1 Measurement techniques for ultrafine particles

3.1.1 Condensation particle counter

Only particles that are larger than approximately half the wavelength of the light used for particle detection scatter enough light to be optically detectable. To be able to measure also smaller particles, these are grown to droplets with diameters of several micrometers by condensation of the vapor of a working fluid in a condensation particle counter (CPC). These particles are then detected by light scattering [17]. Three different working fluids are used in most CPCs. The most common working fluid is butanol. Alternatively, CPCs operating with either water or isopropyl alcohol are available. State of the art CPCs have lower detection limits between 2.5 nm and 10 nm. CPCs used for measuring the particle number concentration in tailpipe emissions according to Euro 6 are adjusted to have a lower detection limit at 23 nm. The upper size limit is usually not well defined, but commonly between 1 µm and 3 µm. Depending on the CPC model, the max. measurable concentration can be between 10,000 1/cm³ and 10,000,000 1/cm³. When the concentration gets too high some of the CPCs switch from a single particle count mode to a photometric mode. In this case, the total light intensity scattered by a cloud of droplets is measured as a means for the total particle number concentration. CPCs with only single particle count mode are typically specified to have an accuracy of ±10%, but are often better [18]. The accuracy of CPCs using the photometric mode is usually lower (±20%).

Latest developments facilitate the measurement of particles down to 1 nm using CPC technology. These instruments use di-ethylene glycol (DEG) as working fluid [19] [20]. In contrast to butanol or water, DEG condenses already on 1 nm particles. However, the maximum droplet size that can be achieved with DEG is only around 90 nm and therefore too small to be directly detected by light scattering. DEG based condensation units are therefore used as a first stage to grow the particles to sizes which can be easily detected by a downstream CPC.

3.1.2 Electrical mobility analyzers

It is impossible to optically detect and size particles that are smaller than approximately half the wavelength of the light used. In this size range, the electrical mobility of particles is used instead to measure their size. The electrical mobility Z_p describes the ability of a particle to move within an electric field of field strength E. The resulting particle velocity v_p is given as:

$$\vec{v}_p = Z_p \cdot \vec{E} \tag{1}$$

As a particle property, the electrical mobility Z_p is defined as:

$$Z_p = \frac{n \cdot e \cdot C_c(d_p)}{3\pi \cdot \eta \cdot d_p} \tag{2}$$

Herein, n is the number of particle borne elementary charges e (1.6022×10^{-19} As), C_c is the Cunningham correction factor, used to describe the drag force onto particles, η is the viscosity of air (17.1 µPas) and d_p the particle size. The number of elementary charges and the particle diameter are the only two unknowns in equation (2). If the particle charge is known, then the particle size can be determined by measuring the electrical mobility using a differential electrical mobility classifier (DEMC), also known as differential mobility analyzer (DMA) [22]. Commonly, the aerosol upstream of the DEMC first passes an aerosol neutralizer, which generates an atmosphere of positively and negatively charged ions to establish a bipolar particle charge equilibrium. The charge distribution of the particles that enter the DEMC is therefore known [23] [24]. Neutralizers traditionally use radioactive beta sources (^{85}Kr, ^{241}Am or ^{210}Po) to produce the ions. Lately, neutralizers using soft x-ray irradiation have become more and more popular. DEMCs exist in various geometries. The most common one is the coaxial type DEMC. It consists of a cylindrical capacitor with inner and outer electrode. The aerosol enters the cylindrical capacitor near the outer electrode. The space between the aerosol flow and the inner electrode is flushed with a clean sheath air flow. As long as no voltage is applied between the two electrodes, the particles will only move along the outer electrode. As soon as a voltage is applied, particles of one polarity will migrate radially towards the inner rod. The particle trajectories result from superimposition of the radial particle motion (according to equation 2) and the longitudinal motion with the air flow. The location where the particles hit the inner electrode is therefore a function of the electrical mobility of the particles. At the opposite end of the inlet, the inner electrode contains a small slit, through which a flow containing particles of only one electrical mobility is withdrawn. The number concentration of these particles is measured with a CPC. The electrical mobility of the withdrawn particles can be adjusted by changing the voltage applied to the DEMC. The particle number size distribution can be determined from the measured mobility distribution using the known particle charge distribution [25] [26]. Depending on the DEMC model used, particle sizes between approximately 2 nm and 1 µm can be measured. In a Scanning Mobility Particle Sizer (SMPS), the voltage is continuously ramped. Figure 2a shows a schematic of an SMPS. The latest SMPS systems require less than one minute to measure a number size distribution, earlier versions need at least two minutes. During the measurement with an SMPS, the number size distribution of the particles must not change significantly. In case of brake dust emission measurements this may be the case e.g. in continuous measurements with a pin-on-disc system, but usually not during dynamometer tests. Similar systems like an SMPS exist to assess more dynamic aerosols, as e.g. in dynamometer tests. These use a different DEMC geometry as shown in Figure 2b. The aerosol is introduced near the inner electrode and the charged particles are deflected towards the outer electrode by a constant electric field. The outer electrode consists of an array of ring electrodes, each one representing a certain electrical mobility. Each ring electrode is connected to a sensitive electrometer, which measure the current induced by charged particles as a measure for the particle concentration. With the known particle charge distribution, the particle number size distribution is then determined from the current-mobility distribution.

Unlike in an SMPS, the electrical mobility classes are not measured sequentially, but simultaneously. Consequently, the instrument provides size distributions with a much higher time resolution. In order to improve the signal-to-noise ratio of the electrometers, these devices use unipolar instead of bipolar particle chargers upstream of the DEMC, in order to provide higher particle charge levels. However, unipolar charging results in broader charge distributions and thus in higher uncertainties in the data deconvolution from mobility to number size distributions [27]. In addition, the dependence of the electrical mobility on particle size is getting rather weak for particles larger than approximately 200 nm [28]. This measurement technique has been commercialized as Fast Mobility Particle Sizer (FMPS, TSI Model 3091), Engine Exhaust Particle Sizer (EEPS, TSI Model 3090) and DMS500 (Cambustion). The FMPS has a time resolution of 1 s, EEPS and DMS500 of 0.1 s. FMPS and EEPS cover a particle size range from 5.6 nm to 560 nm, DMS500 from 5 nm to 2.5 μm. A schematic of these instruments is shown in Figure 2b.

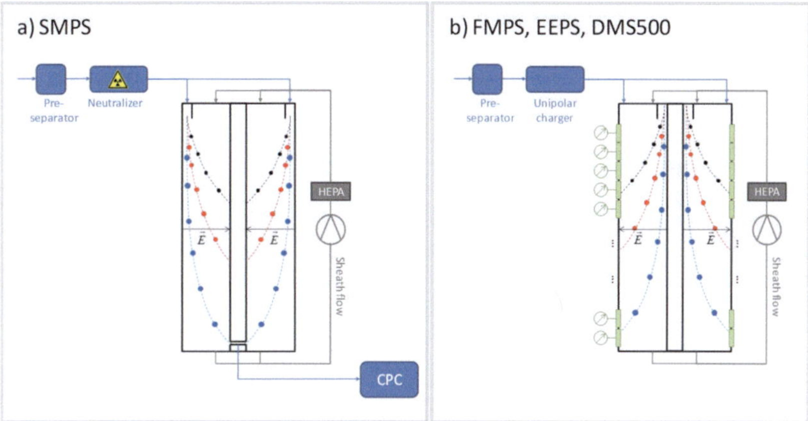

Figure 2: Schematic (a) of an SMPS and (b) of an FMPS, EEPS and DMS500

3.2 Measurement techniques for PM_{10}

3.2.1 Optical aerosol spectrometers

Optical aerosol spectrometers determine the size of particles based on light scattering. The aerosol flows through a measurement volume that gets illuminated by a light source from a 90° angle. The intensity of light scattered by a particle depends not only on the particle size, but also on its shape, as well as on the refractive index, i.e. the particle material. The dependence of the scattered light intensity on the particle size is not simple and monotonous, but shows oscillations around a particle size of 1 μm, which can be different for different wavelengths of the light. Aerosol spectrometers that use monochromatic light sources can therefore show increased uncertainties in this size range. Some manufacturers use white light sources to, at least in part, avoid these oscillations.

To determine number size distributions the intensities of the light scattered by individual particles are recorded and classified into specific particle size classes. The number concentration is determined based on the counts of the light scattering events. If more than a single particle is present inside the measurement volume, the light scattered by these particles cannot be distinguished. Consequently, the light intensity is misinterpreted as stemming from a single large particle. The probability for this so-called coincidence error increases with increasing measurement volume. Common aerosol spectrometers can detect particles larger than 0.3 μm. The upper limit depends on the individual spectrometer model, but is typically between 10 μm and 20 μm. If particle material and shape are unknown, then the size distributions are usually based on the polystyrene latex (PSL)-equivalent diameter. PSL particles are commonly used for the calibration of aerosol spectrometers. If the necessary calibration data for the real aerosol under investigation are available, then more realistic geometric sizes of the particles can be determined. Taking into consideration the particle density, the particle mass size distribution and mass concentration can be calculated.

3.2.2 Aerodynamic particle sizer

Particles entering the Aerodynamic Particle Sizer (APS [29], TSI Model 3321) accelerate while they pass a nozzle. Due to their inertia, small particles are accelerated more strongly than larger ones. Besides the particle size, the acceleration also depends on the particle density, consequently the effect depends on the aerodynamic particle diameter. The size measurement is based on a measurement of the velocity of particles leaving the nozzle. The determined particle size range is approximately from 0.7 μm to 20 μm. The time resolution is adjustable and ≥ 1 s.

3.2.3 Impactor based measurement techniques

Impactors are used to remove or collect particles above a certain size. The aerosol inside an impactor is accelerated in a nozzle which faces a perpendicular impaction plate. The flow exhibits a stagnation point profile which guides the flow around the plate. Whereas small particles follow the streamlines around the impaction plate, larger ones deviate due to their inertia and collide with the plate where they are collected. The aerodynamic cut-off diameter d_{50}, where 50% of the particles are collected, can well be predicted based on the flow rate, the nozzle geometry and size, as well as the distance between the nozzle and the impaction plate. Size fractionated samples can be collected by establishing a cascade of impactor stages with decreasing cut-off diameters d_{50}. Cascade impactors can for example be used for subsequent chemical or electron microscopic analyses. They are available in multiple designs with between two and ca. 15 impactor stages and cut-off diameters between approximately 15 nm and 10 μm. These impactors can therefore also provide information on ultrafine particles. Particle smaller than the d_{50} of the last stage can be collected on a downstream filter.

Currently, there are two commercially available cascade impactors that can provide information on the particle amounts deposited on the impaction plates in real time and deliver them as concentration data in order to determine the size distribution. A main advantage of direct-reading cascade impactors over the instrumentation described above is their ability to measure size distributions over a very wide size range, based on the same measurement principle. A disadvantage of cascade impactors is their lower size resolution due to the limited number of impaction stages.

The Quartz Crystal Micro Balance MOUDI (QCM MOUDI, Modell 140, MSP – a TSI company) is a member of the MOUDI (Micro Orifice Uniform Deposit Impactor) family, that assure a homogenous particle deposition pattern on the impaction plates by using a high number of very small nozzles per impaction stage [42]. The QCM MOUDI determines the mass of particles in real time by measuring the change of the resonance frequency of a quartz crystal on each impactor stage [43]. Initially all particles larger than 2.5 µm are removed in a pre-separator. The cascade impactor has six stages with cut-off diameters of 960 nm, 510 nm, 305 nm, 156 nm, 74 nm and 45 nm. The data from each impactor stage is collected with a time resolution of 1 s. However, depending on the particle concentrations, averaging times of a few minutes can be necessary in order to collect enough mass for a reliable measurement of the size distribution.

In the Electrical Low Pressure Impactor (ELPI or ELPI+, Dekati [30]), the incoming particles are firstly charged in a unipolar aerosol charger. Each impaction stage is connected to a separate sensitive electrometer that measures the current, stemming from the deposition of charged particles. Since the charge distribution of the particles is known, the number concentration of particles is determined for each size class and consequently the number size distribution is calculated. The current version ELPI+ has in total 15 impactor stages with cut-off diameters between 0.016 µm and 10 µm as well as an after filter. Based on these data, the ELPI+ determines number size distributions in 14 size classes between 6 nm (from the filter stage) and 10 µm. The version "High Resolution ELPI+" uses a data conversion algorithm that provides the measured size distribution in 500 size classes. The minimal time resolution is 1 s.

3.3 Particle samplers

Particles can be collected on filters for subsequent gravimetric determination of the particle mass concentration or for chemical analysis. A single stage impactor may be employed if only particles with sizes below a certain limit, e.g. PM_{10}, shall be collected. To determine particle mass concentrations, filters need to be equilibrated and weighed in an air conditioned weighing room prior to the sampling. After sampling, the filters need to be equilibrated and weighed again. The collected particle mass is determined from the mass gain of the filter. Along with the sampled air volume, the average mass concentration during the sampling time can be calculated. Since the gravimetric mass determination is non-destructive, the filters can afterwards still be used for other, e.g. chemical, analyses.

For electron microscopic analyses (gold coated) membrane filters can be used, which collect the particles on the flat surface of the membrane. Alternatively to sampling on membrane filters, particles may also be collected on other flat surfaces. Fragments of monocrystalline wafers are suitable for this purpose. To deposit particles onto these surfaces, they are typically first unipolarly charged before they are collected in an electric field. Dixkens and Fissan [31] developed a sampler for the electrostatic collection of particles. Meanwhile this sampler has been commercialized as Nanometer Aerosol Sampler (NAS, TSI model 3089).

4 Sampling on a dynamometer test bench

Besides the use of suitable measurement techniques, the quantification of brake dust emissions requires the use of a dedicated test set up that allows for representative and reproducible measurements. Most studies found in the literature focus on dynamometer studies, because real drive emission measurements can be biased by many potential error sources, e.g. caused by an unknown flow around the brake or the intrusion of other particles from outside. The representativity is mainly defined by two factors. On the one hand, the braking actions during the test should ideally reflect realistic conditions. This may be achieved by utilizing approved and standardized drive cycles (e.g. WLTP or US city traffic). On the other hand, the measurement instruments need to representatively sample and measure the released particles. The latter is a major challenge, since particles released from the rotating brake disc are tangentially ejected with potentially high speed (depending on the rotational speed of the brake). Due to their inertia, larger particles can be transported over longer distances away from the disc than smaller ones. The rotation of the brake can therefore cause a particle size dependent spatial distribution of the particles. Measurements only at a single spot can therefore not yield representative measurements of the released dust. In order to facilitate representative sampling of the aerosol, the entire brake needs to be enclosed and the enclosure flushed with a flow rate that is sufficient to transport all particles out of the enclosure before they get deposit on a wall. Many dynamometers provide a cooling air flow for the brakes, which can be used as the source for the flow through the enclosure. The enclosure itself needs to be large enough to avoid that particles tangentially ejected from the disc deposit on the walls. In 2007, Ijima et al. [32] published a setup that foresaw a tailored flow around the brake assembly, but no enclosure. They used their set up to collect information on the particle size resolved chemical composition of the particles by employing a cascade impactor. In 2009, Wahlström et al. [33] presented a set up with an enclosure of the brake in order to measure more representatively. In their set up, filtered fresh air is added to the enclosure, but not used to establish a defined flow around the brake. They used an optical aerosol spectrometer to measure the particle number size distribution in a size range from 0.3 µm to 10 µm, as well as a CPC to determine the total number concentration of particles >20 nm. Kukutchová et al. [34] used a similar set up to determine the number size distribution of the released dust in a size range from 15 nm to 20 µm using an SMPS and an APS. Furthermore, they used a cascade impactor to gravimetrically determine size fractionated mass concentrations. In 2015 Perricone et al. [15] were the first to present a test rig that not only included a complete enclosure of the brake, but also foresaw the use of the cooling air provided by the dynamometer to establish a defined flow around the brake at flow rate between 500 m^3/h and 2,500 m^3/h. The air enters the enclosure from the side and leaves it above the brake. It further includes means for isokinetic sampling of the dust. This is required here, because the total flow rate through the enclosure is multiple times higher than the sampling flow rate of the measurement instruments. They used an ELPI+ to measure particle size distributions. A driving cycle was developed that mimics traffic in urban and rural environments, on highways, as well as downhill. The brake disc reached temperatures between 100°C and 350°C.

A new test rig was (see Figure 3) designed and constructed at the Institute of Energy and Environmental Technology, based on the requirements for the representative measurement of brake dust emissions and taking into account the already published studies. A standardizable driving cycle was developed in conjunction with Link Engineering. The test rig has been designed for the use on air conditioned Link dynamometers, but may also be adapted to be used on other test benches.

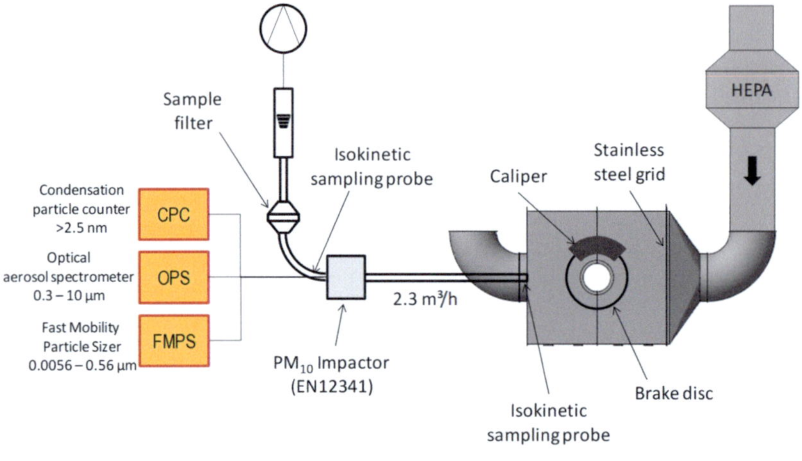

Figure 3: Test rig for the representative measurement of brake dust emissions on a dynamometer test bench

The test set up includes a complete enclosure of the brake. The enclosure is horizontally flushed with the cooling air provided by the dynamometer. To reduce the background particle concentration inside the enclosure, the air supply is filtered with a class H13 HEPA filter. The air is supplied into the cuboid enclosure (h × w × d 1010 mm × 920 mm × 565 mm) via a conical inlet. To ensure a homogenous flow profile inside the enclosure, the air passes a stainless steel grid that provides a small pressure drop, causing a moderate stagnation point flow that homogenizes the flow. A proper stainless steel grid was chosen based on prior computational fluid dynamics (CFD) simulations. Inside the enclosure, the caliper is mounted horizontally to minimize disturbance of the otherwise laminar flow. The size of the enclosure, as well as the needed air flow rates to avoid particle deposition on the walls, were determined by means of CFD simulations, that illustrated the trajectories of particles tangentially ejected from the brakes. The software calculated the particle trajectories by superimposing the inertial particle motion and the motion with the flow. Since the focus of the present study is on PM_{10} and UFP, the maximum aerodynamic diameter considered for the layout of the enclosure was 10 μm. The simulations showed that for a simulated driving speed of 100 km/h a flow rate of at least 500 m^3/h is needed with the geometry shown in Figure 3 in order to keep all PM_{10} particles airborne and transport them out of the enclosure with the flow. Higher flow rates are easily possible with the dynamometer if larger particles or higher velocities shall be studied.

According to VDI2066-1, the distance between a contraction or bend of a tube and a sampling port should ideally be at least five times the hydraulic diameter of the tube in order to assure that a known (in case of laminar flow parabolic) flow profile has developed. It was not possible to meet this requirement here, due to the limited space inside the dynamometer test bench. Instead, the isokinetic sampling probe is mounted directly at the exit level of the enclosure, where a plug flow can be assumed. The flow velocity is thus known and can be used for the choice of proper sampling probe heads for the different cooling- and sampling flow rates. The sampling flow rate withdrawn from the main flow is 2.3 m^3/h (=38.3 l/min). This flow is needed to operate the downstream PM_{10} impactor (Comde-Derenda, in agreement with EN 12341) that removes all particles that do not comply with the PM_{10} definition. A second isokinetic sampling probe is used downstream of the impactor that withdraws the flow rate for the direct reading instruments. The remaining flow is passed through a filter, which can be used to determine the mean mass concentrations. The direct reading instruments used here are a Fast Mobility Particle Sizer (FMPS, TSI model 3091) and an Optical Particle Sizer (OPS; TSI model 3330) to measure number size distributions in a size range from 5.6 nm to 10 μm with 1 s time resolution. An additional Condensation Particle Counter (UCPC, TSI model 3776) is used to measure the total number concentration of particles >2.5 nm. An optional dilution system can be used if the brake temperature gets too high and a very high particle concentration, beyond the concentration range of the instruments, is generated by nucleation. The measurement equipment was chosen such that on the one hand it provides in-depth information on the particle size distributions. On the other hand, considering that potential future regulations of brake dust emissions will likely not include rather complex measurements of the size distributions. Instead, it is more likely that it will foresee only the measurement of the total particle number and/or mass concentration, comparable to the regulation for tailpipe emissions according to the Euro norms. Both can be easily provided with this set up by the inclusion of a CPC for the number and a filter sampler for the mass concentration.

A driving cycle, representing real drive conditions, is needed in order to be able to measure realistic values for the brakes' dust emissions on streets. The WLTP (Worldwide Harmonized Light Vehicle Test Protocol) cycles were developed for three different vehicle classes by experts from the European Union, Japan and India to determine the fuel consumption and tailpipe emissions of vehicles. These have been obligatory for type approval tests of new vehicle models and engines since September 1st, 2017 and for newly registered vehicles since September 1st, 2018. Here, cycle 3b was chosen for vehicles with more than 34 kW/t. The cycle has a duration of 1800 s and is divided into four phases: Low, Medium, High and Extra High.

The max. velocities during the phases are 56.5 km/h (Low), 76.6km/h (Medium), 97.4 km/h (High) and 131.3 km/h (Extra High). The cycle simulates a driving distance of 23.262 km and allows for investigating the brake dust release in urban (Low) and rural environments (Medium and High), as well as on highways (Extra High). The entire test cycle for measuring brake dust emissions first includes a section for bedding of the brakes using the AK Master protocol, followed by ten repeated WLTP cycles of 1,800 s each. Each WLTP cycle is started only after the brake temperature has decreased to 50°C, in order to obtain the same starting condition for each cycle. The tenfold repetition of the WLTP cycle yields sufficient data to draw conclusions on the statistical significance of the results.

5 Results

Numerous tests have been conducted with the set up described above. Figure 4 exemplarily shows results of one measurement series using a left front brake of an SUV. The top graph in Figure 4 shows the time series of the brake disc temperature during ten WLTP cycles. It can be seen that on average, starting from the initial temperature of 50°C the temperature increases constantly. This increase is rather moderate during the initial "Low" phase, where the temperature reaches a maximum of about 100°C. During the "Medium" and "High" phase, the temperature increases more strongly to eventually reach 180°C. The first brake actions during the "Extra High" phase are executed with a rather low brake pressure. Therefore, initially the mean temperature can even decreas during this phase. The end of the WLTP cycle includes a sudden decrease of the velocity from 131.3 km/h to 0 km/h during which the brake temperature reaches 230°C. It can further be seen that the brake temperature curves during the ten WLTP cycles nearly fall on top of each other, showing the good repeatability of the measurements. Only during the first cycle, the temperature was slightly lower. The reason for this is not clear yet, but it is assumed that it stems from the bedding of the brakes during the initial AK Master protocol.

The center graph in Figure 4 shows the time series of the particle number concentration measured with the FMPS. The figure shows clearly that almost no ultrafine particles are emitted during the initial "Low" phase. Only when the brake temperature increases during the "Medium" phase, the number concentration increases. These concentrations are the higher the warmer the brake is and the longer the brake pressure is applied, respectively. The number concentrations measured with the OPS show principle very similar time series as the FMPS, as can be seen in the lower graph in Figure 4.

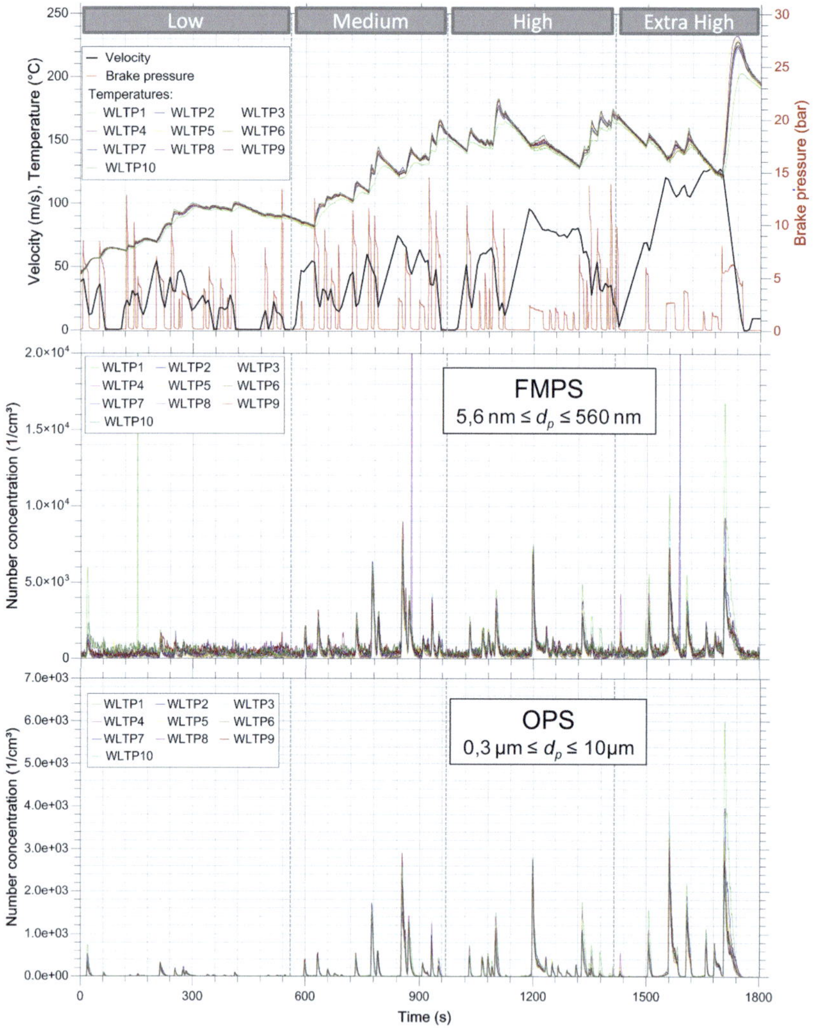

Figure 4: Brake disc temperature, brake pressure and driving velocity (top), number concentration measured with FMPS (center) and OPS (bottom) during ten WLTP cycles

As can be seen in Figure 5, the majority of the particle number, averaged over the individual WLTP cycles, has a size of approximately 180 nm. These particles likely stem from abrasion. Very small particles with sizes of approximately 10 nm are only generated at the very end of each cycle, when for a short time the temperature increases strongly, triggering the onset of nucleation.

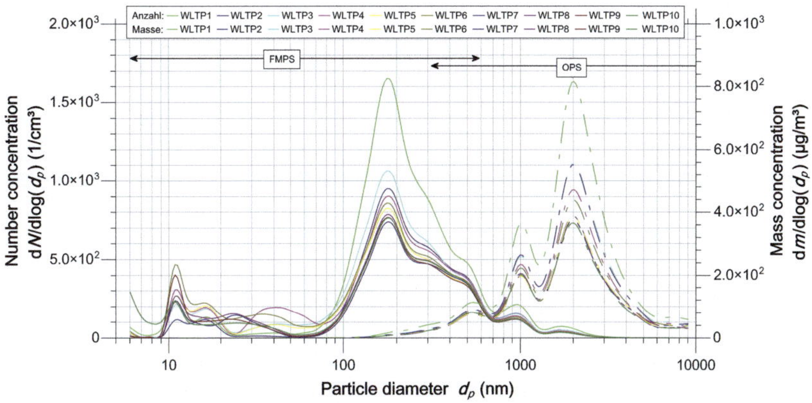

Figure 5: Number and mass size distribution, individually for each of the ten WLTP cycles (1800 s each)

However, due to the averaging of the number size distributions in Figure 5, this only results in a small peak at around 10 nm in the chosen representation. In contrast, the mass concentration is dominated by particles with sizes around 2 µm. An average effective density of 3,350 kg/m³ was assumed for the determination of the mass concentration, based on prior correlations between the gravimetrically determined mass concentrations and volume concentrations calculated from the size distributions. The number concentrations and size distributions measured with both FMPS and OPS in Figure 5 show that the particle generation during the cycles is very reproducible. Only during the first cycle higher concentrations were produced, which is likely caused by a slightly different brake condition after the prior bedding procedure according to the AK Master protocol. This effect has been repeatedly observed. Leaving aside the first cycle results in an average number concentration of (561.7 ± 61.17) 1/cm³ and mass concentration of (218.0 ± 31.34) µg/m³. It should be noted that unlike emission factors these concentration values are only valid for the cooling air flow, used during the measurements. Taking into account the driving distance of the WLTP cycle of 23.262 km, the emission factors for the investigated left front brake are $(1.93 \pm 0.21)\times10^{10}$ 1/km and (7.44 ± 1.07) mg/km, respectively. Assuming that two thirds of the brake load are on the front wheels and one third on the rear wheels and that this load distribution also reflects the dust emissions, the emission factors need to be multiplied by a factor of three to obtain the emissions from all four brakes. These therefore amount to 5.8×10^{10} 1/km and 22.3 mg/km, respectively. This mass emission factor is above the values used in the literature for the modeling of particle concentrations and their dispersion in the (urban) environment. These values are mostly between 6 mg/km and 8 mg/km [9]. However, these values are averages over the entire car fleet, while here the brake of a rather large car was tested. Furthermore, the literature data on emission of brake dust consider the emission into the air from cars, whereas here the emission from brake(s) was studied. In a car, the dust particles are emitted first into the wheel housing, from where they may be emitted into the environment with a complex air flow, generated by the driving speed and the rotation of the wheel. A large fraction of especially the larger particles and consequently of the mass concentration is deposited by inertia in the wheel housing, the wheel or the street. The emissions from a car can therefore be expected to be well below those from the brakes themselves. This is a major difference between brake dust emissions and engine exhaust emissions, because the latter is directly emitted through a spatially well defined source (tailpipe). Compared to the allowable emission factors according to Euro 6 of 6×10^{11} 1/km and 4.5 mg/km, respectively, it is apparent that the particle number emitted by brakes is well below, whereas the particle mass is at least in the same order of magnitude as the tailpipe emissions.

6 Conclusions

Brake dust emissions have raised increased attention in view of possibilities to improve air quality, especially in urban environments. The quantitative assessment of brake dust emissions is challenging, because on the one hand, the emitted particle concentrations strongly depend on brake conditions. On the other hand, upon their release, particles are carried away from the brake because of inertia and air flows. Particle sampling at a single spot will therefore not yield representative results. In the past, several researchers developed dedicated measurement set ups to study brake dust emissions on dynamometers. These studies were considered here to develop a new test rig that allows for the reproducible measurement of particle emission from brakes on a dynamometer test bench. This article presents the new test rig along with an overview of the available measurement techniques. A standardizable test protocol, based on the WLTP cycle was furthermore developed. This protocol includes initial bedding of the brakes, before the WLTP cycle 3b is repeated ten times. Each individual cycle lasts 1800 s and simulates a driving distance of 23.262 km, during which brake actions in urban and rural environments, as well as on highways are mimicked. This set up has been intensively tested and validated and delivers plausible and reproducible results. The measurement equipment has been chosen such that versatile information on the particle number and mass concentrations, as well as their size distributions can be obtained. The test rig is therefore flexibly usable for both research activities, as well as regulatory measurements.

7 References

[1] D. W. Dockery, C. A. Pope, „Acute respiratory effects of particulate air pollution," *Ann.Rev. Pub. Health,* **15**: 107-132, 1994

[2] D. Dockery, A. Pope, X. Xu, J. Spengler, J. Ware, M. Fay, B. Ferris, F. Speizer, „An association between air pollution and mortality in six U.S. cities," *New Engl. J. Med.,* **329**: 1753-1759, 1993

[3] G. Oberdörster, „Toxicology of ultrafine particles: in vivo studies," *Phil. Trans. R. Soc. A,* **358**: 2719-2740, 2000

[4] A. Peters, H. Wichmann, T. Tuch, J. Heinrich, J. Heyder, „Respiratory effects are associated with the number of ultrafine particles," *Am. J. Resp. Crti.Care Med.,* **155**: 1376-1383, 1997

[5] W. Kreyling, M. Semmler-Behnke, W. Möller, „Ultrafine particle-lung interactions: Does size matter?," *J. Aerosol Med.* **19**: 74-83, 2006

[6] Y. Zhu, W. Hinds, S. Kim, C. Sioutas, „Concentration and size distribution of ultrafine particles near a major highway," *J. Air Waste Manag. Assoc.* **52**:. 1032-1042, 2002

[7] M. Chang, J. Chow, J. Watson, P. Hopke, S. Yi und G. England, „Measurement of ultrafine particle size distributions from coal-, oil-, and gas-fired stationary combustion sources," *J. Air Waste Manag. Assoc.* **54**: 1494-1505, 2004

[8] N. Hudda, T. Gould, K. Hartin, T. Larson, S. Fruin, „Emissions from an international airport increase particle number concentrations 4-fold at 10 km downwind," *Environ. Sci. Technol* **48**: 6628-6635, 2014

[9] T. Grigoratos, G. Martini, „Brake wear particle emissions – A review," *Environ. Sci. Poll. Res.* **22:** 2491-2504, 2015

[10] W. Hinds, Aerosol Technology: Properties, Behavior, and Measurement of Airborne Particles, New York: Wiley, 1999

[11] M. Corn, „The adhesion of solid particles to solid surfaces, I. a review," *J. Air Poll.Control Assoc.* **11**: 523-528, 1961

[12] M. Kulmala, „How particles nucleate and grow," *Science,* Bd. 302, pp. 1000-1001, 2003

[13] K. Morsi, „The diversity of combustion synthesis processing: a review," *J. Mat. Sci.* **47**: 68-92, 2012

[14] B. Giechaskiel, L. Ntziachristos, Z. Samaras, V. Scheer, R. Casati, R. Vogt, „Formation potential of vehicle exhaust nucleation mode particles on-road and in the laboratory,“ *Atmos. Environ:* **39**: 3191-3198, 2005

[15] G. Perricone, J. Wahlström, U. Olofsson, „Towards a test stand for standardized measurements of the brake dust emissions,“ *Proc. Inst. Mech. Eng. D: J. Automob. Eng.* **230**: 1-8, 2015

[16] O. Nosko, J. Vanhanen, U. Olofsson, „Emission of 1.3-10 nm airborne particles from brake materials,“ *Aerosol Sci. Technol.* **51**: 91-96, 2017

[17] P. McMurry, „The history of condensation nucleus counters,“ *Aerosol Sci. Technol.* **33**: 297-322, 2000

[18] C. Asbach, H. Kaminski, D. von Barany, T. A. J. Kuhlbusch, C. Monz, N. Dziurowitz, J. Pelzer, K. Vossen, K. Berlin, S. Dietrich, U. Götz, H. J. Kiesling, R. Schierl, D. Dahmann, „Comparability of Portable Nanoparticle Exposure Monitors,“ *Ann. Occ. Hyg.* **56**: 606-621, 2012

[19] K. Iida, M. Stolzenburg, P. McMurry, „Effect of working fluid on sub-2 nm particle detection with a laminar flow ultrafine condensation particle counter,“ *Aerosol Sci. Technol.* **43**: 81-96, 2009

[20] J. Vanhanen, J. Mikkilä, K. Lehtipalo, M. Sipilä, H. Manninen, E. Siivola, T. Petäjä und M. Kulmala, „Particle size magnifier for nano-CN detection,“ *Aerosol Sci. Technol.* **45**: 533-542, 2011

[21] B.Y.H. Liu, D.Y.H. Pui, "A submicron aerosol standard and the primary, absolute calibration of the condensation nuclei counter," *J. Coll. Int. Sci.* **74**: 155-171, 1974

[22] N. A. Fuchs, "On the stationary charge distribution on aerosol particles in a bipolar ionic atmosphere," *Pure Appl. Geophys.* **56:** 185-193, 1963

[23] A. Wiedensohler, "An approximation of the bipolar charge distribution for particles in the submicron size range," *J. Aerosol Sci.* **19**: 387-389, 1988

[24] H. Fissan, C. Helsper, H.J. Thielen, "Determination of particle size distributions by means of an electrostatic classifier," *J. Aerosol Sci.* **14**: 354-357, 1983

[25] W. Hoppel, "Determination of the aerosol size distribution from teh mobility distribution of the charged fraction of aerosols," *J. Aerosol Sci.* **9**: 41-54, 1978

[26] H. Kaminski, T. Kuhlbusch, S. Rath, U. Götz, M. Sprenger, D. Wels, J. Polloczek, V. Bachmann, K. H. J. Dziurowitz, A. Schwiegelshohn, C. Monz, D. Dahmann, C. Asbach, "Comparability of mobility particle sizers and diffusion chargers," *J. Aerosol Sci.* **57**: 156-178, 2013

[27] M. Levin, A. Gudmundsson, J. Pagels, M. Fierz, K. Molhave, J. Löndahl, K. Jensen, I. Koponen, "Limitations in the use of unipolar charging for electrical mobility sizing instruments: A study of the Fast Mobility Particle Sizer," *Aerosol Sci. Technol.* **49**: 556-565, 2015

[28] P. Baron, "Calibration and use of the Aerodynamic Particle Sizer (APS3300)," *Aerosol Sci. Technol.* **5**: 55-67, 1986

[29] J. Keskinen, K. Pietarinen, M. Lehtimäki, "Electrical Low Pressure Impactor," *J. Aerosol Sci.* **23**: 353-360, 1992

[30] J. Dixkens, H. Fissan, "Development of an Electrostatic Precipitator for Off-Line Particle Analysis," *Aerosol Sci. Technol.* **30**: 438-453, 1999

[31] A. Ijima, K. Sato, K. Yano, H. Tago, M. Kato, H. Kimura, N. Furuta, "Particle size and composition distribution analysis of automotive brake abrasion dusts for the evaluation of antimony sources of airborne particulate matter," *Atmos. Environ.* **41**: 4908-4919, 2007

[32] J. Wahlström, A. Söderberg, L. Olander, U. Olofsson, "A disc brake test stand for measurement of airborne wear particles," *Lubr. Sci.* **21**: 241-252, 2009

[33] J. Kukutschová, P. Moravec, V. Tomásek, V. Matejka, J. Smolik, J. Schwarz, J. Seidlerova, K. Safárová, P. Filip, "On airborne nano/micro-sized wear particles released from low-metalic automotive brakes," *Environ. Poll.* **159**: 998-1006, 2011

The Dynamic E-Module – the Great Unknown in the Practical Procedure to Determine the Natural Frequency Target Value of Brake Discs

Reiner Becker, reiner.becker@fritzwinter.de
Wilfried Strauß, wilfried.strauss@fritzwinter.de

Fritz Winter Eisengießerei GmbH & Co. KG
Albert Schweitzer Str. 15
35260 Stadtallendorf

1 Motivation

This article deals with the definition of the natural frequencies of brake discs during the development process. This is usually done on the basis of finished prototypes in accordance with VDA 301, Nov. 2009

However, it is increasingly evident that the definition of the natural frequencies of a brake disc should occur before the production of prototypes in a purely virtual sense, contrary to the recommendations of the VDA guidelines.

The design of the meshes required for the calculation (choice of elements and mesh fineness) as well as the drafts and radii to be taken into account in the area of the vents lead to the initial inaccuracies here, but are not considered further in this presentation.

Further substantial difficulties arise due to the fact that the material data required for a precise calculation, in particular the correct dynamic E-module, is not usually available.

The dynamic E-module plays a prominent role in the calculation of natural frequencies. It forms the link as it were between the geometry and the material. The fact that the dynamic E-module of a cast part is not only dependent on the selected material but also on the thermal module of the respective brake disc is often forgotten or not widely appreciated.

The correlations between the dynamic E-module, chemical analysis and thermal module of a cast part as well as the problems involved and a possible solution will be demonstrated in this presentation.

2 State-of-the-art technology

Vibrations and noises when braking in vehicles that are becoming increasingly quieter today significantly detract from their comfort level. They are often the reasons for costly warranty claims.

Brake noises and vibrations can be classified in a frequency range of a few Hz to over 10 Khz.

The natural frequencies of the individual components are increasingly receiving more attention in order to reduce the number of warranty claims and to optimise the comfort level. The aim is to design individual components with adjacent frequency ranges so that there can be no coupling of individual modes and resonance chains with corresponding vibrations and noises.

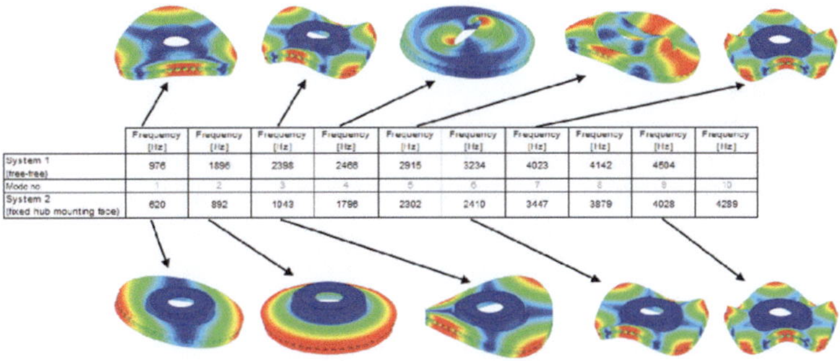

	Frequency [Hz]	Frequency [Hz]	Frequency [Hz]	Frequency [Hz]	Frequency [Hz]	Frequency [Hz]	Frequency [Hz]	Frequency [Hz]	Frequency [Hz]	Frequency [Hz]
System 1 (free-free)	976	1896	2398	2468	2915	3234	4023	4142	4604	
Mode no	1	2	3	4	5	6	7	8	9	10
System 2 (fixed hub mounting face)	620	892	1043	1796	2302	2410	3447	3879	4028	4289

Fig 1: Natural vibration modes of brake discs (source: within FW)

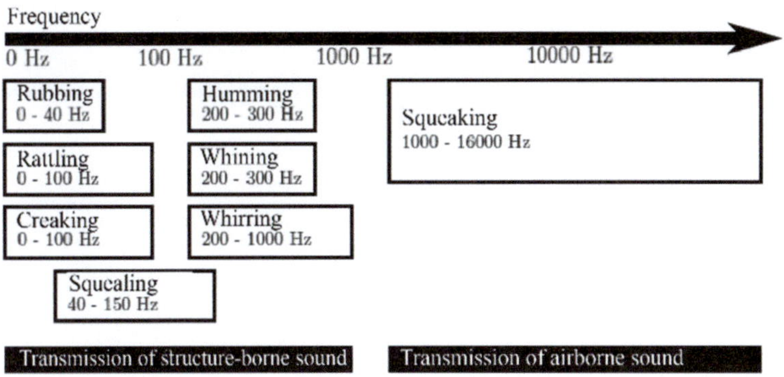

Fig 2: Classification of brake noises (1)

This means an additional challenge for brake disc manufacturers because orders are increasingly being placed only in conjunction with a complete natural frequency control of the brake disc that is finished and ready for mounting.

This means that in addition to the existing specifications, which will remain valid, selected natural frequencies in a tolerance range of ± 3% of the nominal value will now have to be observed.

With a tolerance range of only 6% of the nominal value it is not difficult to see that the correct range of the nominal value is of existential importance.

To make matters worse, the natural frequency of a brake disc changes even after it has been removed from the moulding box. Usually the frequencies increase further over the next few days. Increases of 1.5 – 2.5% can be observed over a period of approx. 30 days.

The same effect can also still be observed after the processing, just in a diluted form.

Test day:	**Part 1**	**Part 2**	**Part 3**	**Mean value**
Consec. no. ->				
xmin:	817	620	0	819
xmax:	833	839	0	836
Range:	16	19	0	18

Test day:	Frequency in H	Change in H	Change in %	Age	Part 1	Part 2	Part 3
26.09.2017	818.5	0	0.000%	0	817	820	
27.09.2017	825	6.5	0.794%	1	822	828	
28.09.2017	826	7.5	0.916%	2	825	827	
29.09.2017	829	10.5	1.283%	3	827	831	
30.09.2017	829.5	11	1.344%	4	827	832	
03.10.2017	831.5	13	1.588%	7	829	834	
06.10.2017	832.5	14	1.710%	10	830	835	
09.10.2017	833	14.5	1.772%	13	830	836	
12.10.2017	833.5	15	1.833%	16	831	836	
15.10.2017	834.5	16	1.955%	19	832	837	
18.10.2017	835	16.5	2.016%	22	833	837	
21.10.2017	835	16.5	2.016%	25	833	837	
24.10.2017	835	16.5	2.016%	28	833	837	
27.10.2017	836	17.5	2.138%	31	833	839	

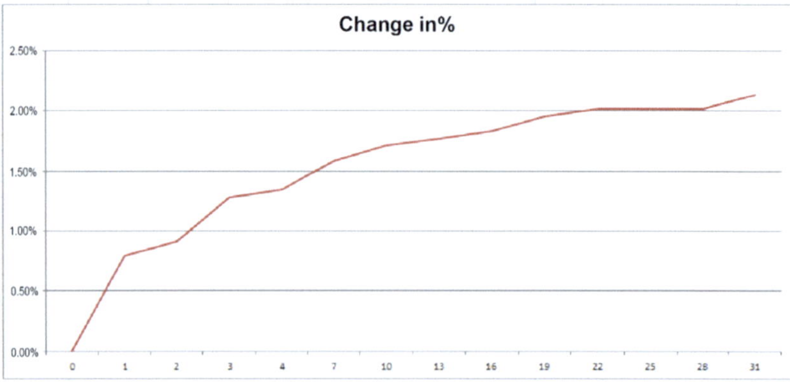

Fig 3: Aging curve after the casting (source: within FW)

3 Basic principles

3.1 Vibration theory

Vibrations are movements of mass particles around a neutral position. The connection between the geometry and the material can be illustrated in the easiest way with the help of a spring pendulum and the following formulae.

Based on the following assumptions for a spring pendulum:

$$D = \frac{F}{f} \qquad f = \frac{F*l^3}{48*E*I} \qquad I = \frac{l*h^3}{12}$$

D = reference size
F = force
E = elasticity module
I = moment of inertia (rectangle)

Formula: Derivation of the natural frequency (1-3)

applies to the natural frequency:

$$\omega = \sqrt{\frac{D}{m}} = \sqrt{\frac{4 * E + h^3}{l^2 * m}}$$

h = friction ring thickness
l = friction ring height
m = mass

Formula: Natural frequency (4)

This demonstrates the influence of the E-module and mass on the natural frequency.

Table 1: Dependency of the E-module vs. the natural frequency

E	increases	→	Ω	increases
E	decreases	→	Ω	decreases
m	increases	→	Ω	decreases
m	decreases	→	Ω	increases

3.2 Materials technology

Nowadays, brake discs are mainly made from high-carbon cast iron, EN-GJL 150 HC. The main components of this material are carbon and silicon in addition to the usual metalloids. However, Cu, Cr, Sn, V, Ni, Nb and Mo alloys are added to adjust specific properties. This leads to a considerable number of different analyses under the generic term EN-GJL 150 HC.

If the mass or thermal module of individual brake discs is now different, the chemical analysis must be adjusted individually to achieve the required material characteristic curve, such as hardness and strength.

This in turn leads to different carbon equivalent values and the resulting changes in the microstructure, strength, hardness and, not least, also in the the E-module and therefore the natural frequencies.

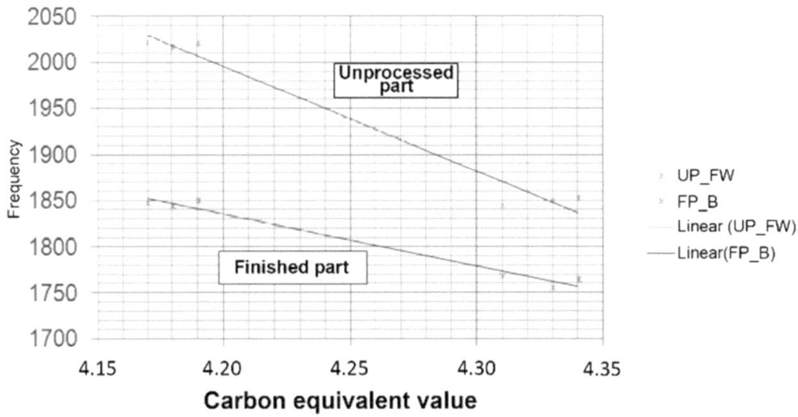

Fig 4: Dependency of the frequency on the carbon equivalent value (source: within FW)

The carbon equivalent calculation is based on the following formula.

$$CEL = \%C + \%\frac{Si}{4} + \%\frac{P}{2}$$

Formula: Calculation of the carbon equivalent value (5)

It is evident that carbon and silicon have the greatest influence on the material. But it is also evident that the carbon equivalent value is actually a pure calculation value. For example, it is therefore possible to produce analyses with the same carbon equivalent value, but with a result that leads to different materials and therefore different component properties.

Attention:

3.7% C + 2.3% Si + 0.04% P result in a carbon equivalent of 4.295
3.9% C + 1.5% Si + 0.04% P result in a carbon equivalent of 4.295

3.3 Thermal module

The thermal module of a cast part is a frequently underestimated but existing influencing parameter.

More correctly, the thermal or also the solidification module stands for the ratio of the volume to the surface emitting heat.

$$M = \frac{V}{O}$$

M = solidification module (cm)
V = volume of the casting (cm^3)
O = surface that emits heat to the mould (cm^2)

Formula of the solidification module (6)

The solidification time of a casting is directly proportional to the square of the solidification module.

It is easy to see the influence of the solidification module because the structure of graphite and the microstructure are time-dependent processes.

These correlations are also responsible for the mechanical properties changed with the solidification module, such as strength, hardness and the dynamic E-module of a casting.

3.4 Dynamic E-module

The dynamic E-module has always been determined on the basis of an extensive series of tests.

The tests were carried out with circular test specimens of different plate thicknesses. The plate thicknesses represent the friction ring thicknesses and simulate the respective thermal module.

The measurements were carried out in accordance with the resonance frequency procedure. The test specimen is subjected to periodic vibrations until the natural frequency of the system is set and this goes into resonance.

The dynamic E-module differs from the static E-module, which is determined on the basis of stress-strain curves. Both E-modules therefore show different material properties.

Both E-modules are therefore different material data.

Fig 5: Test model with test specimens of different plate thicknesses

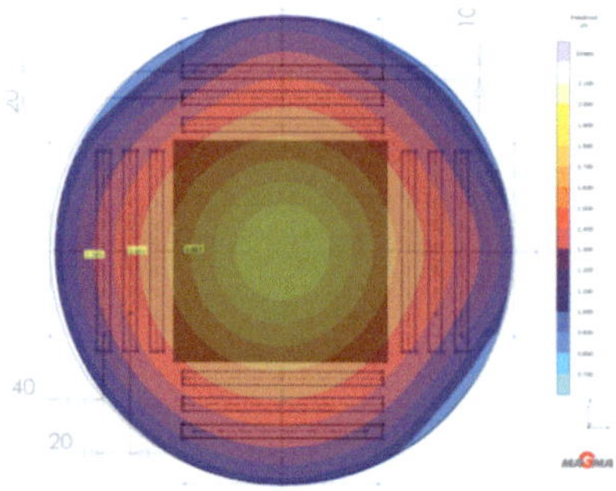

Fig 6: Location of the test specimens and their calculated module

Four test specimens were poured into one mould, each with 4 different plate thicknesses, in order to eliminate the influence of different analysis variations as well as different material injection states. The plates were evaluated with 13 mm, 18 mm and 25 mm.

The dynamic E-module in particular reacts sensitively to the thermal cooling conditions of a casting.

The following diagrams illustrate the interrelationships between the carbon content, tensile strength, dynamic E-module and thermal module.

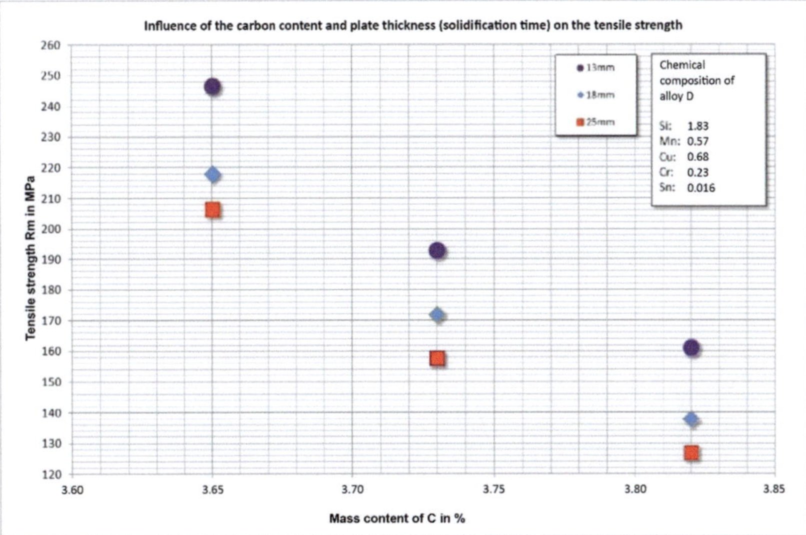

Fig 7: Dependency of the tensile strength, C-content vs. the plate thickness

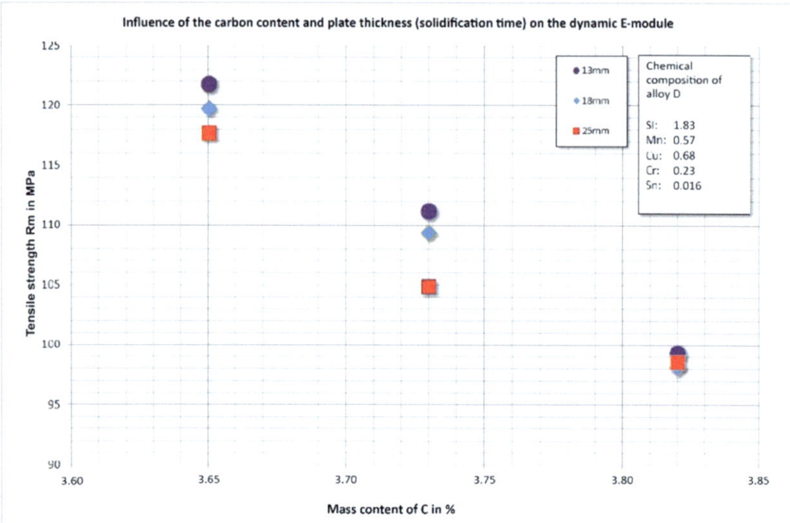

Fig 8: Dependency of the E-module, vs. the C-content, vs. the plate thickness

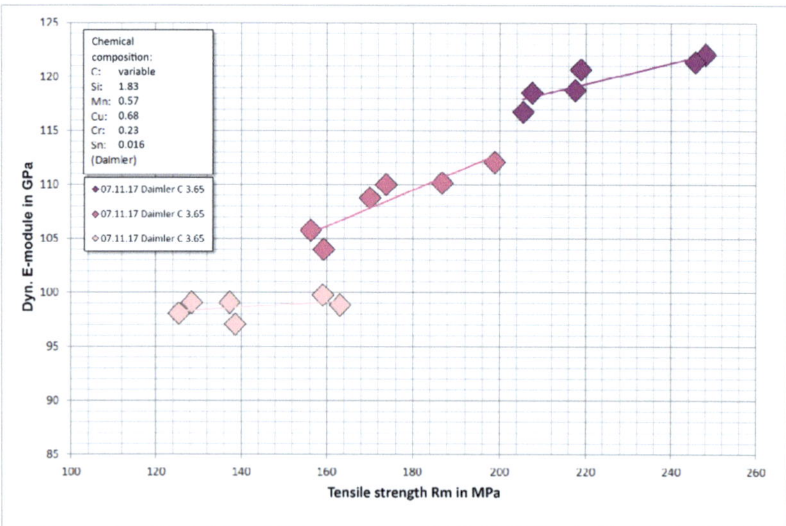

Fig 9: Dependency of the E-module, tensile strength

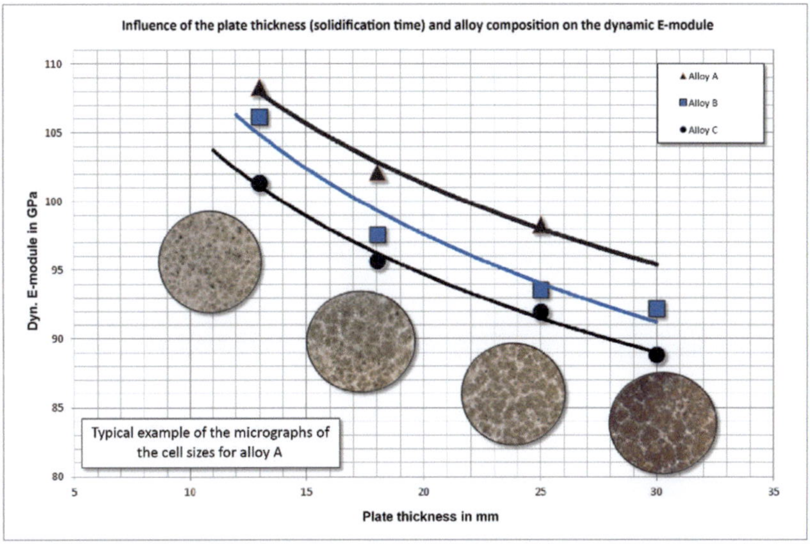

Fig 10: Dependency of the E-module, vs. the plate thickness, vs. the analysis, vs. the microstructure

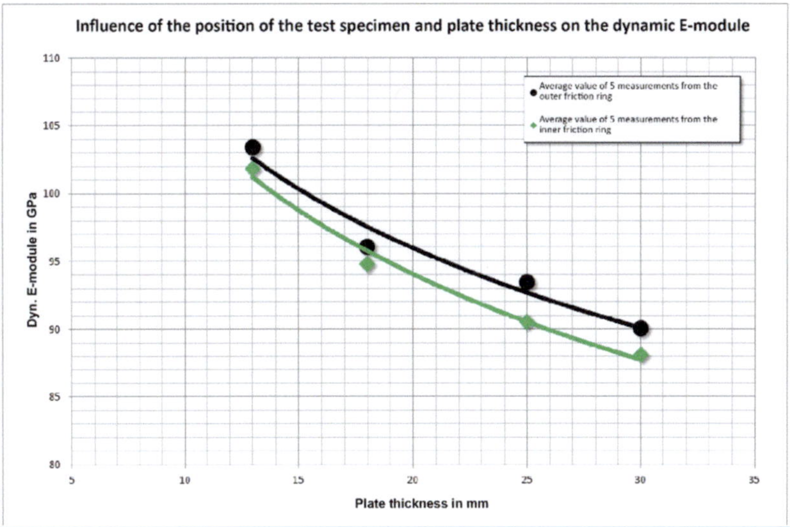

Fig 11: Dependency of the E-module, vs. the location in the brake disc

4 Definition of the natural frequency

Up until now, the natural frequencies to be monitored have been defined on the basis of the finished prototypes and the associated noise tests that have been carried out. This is done in coordination between the OEM, brake and disc manufacturers.

The phase of the first prototype parts is always a problem here. As stated in the previous section, changes often still have to be made to the chemical analysis to achieve the required mechanical properties. This in turn leads to major or minor changes to the natural frequencies.

However, experience has shown that reference must be made to any available prototype part due to the ever shorter development times and even before the stabilisation of the process. This inevitably leads to greater variability in the natural frequencies in the first phase of the prototype production.

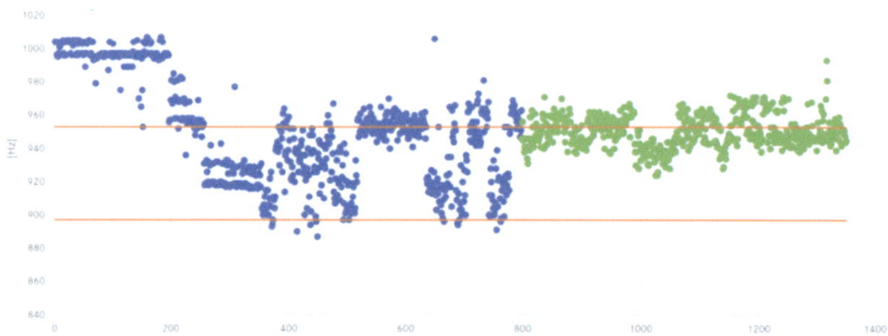

Fig 12: Development of the natural frequencies vs. the produced quantity / time

The procedure proposed in the VDA guidelines was developed and must be applied due to this lack of clarity at the start of the production process.

A virtual procedure differs from the previous approach in that the target frequencies are defined on the basis of a finite element calculation and a CAD model that is required for this. This procedure has the advantage that the component frequencies can be coordinated in the run-up to the prototype production. This ostensibly saves time and money.

However, the great danger in this method is that only inadequate or incorrect basic conditions / parameters are available for the calculation, such as:

a. Dynamic E-module
b. Density
c. Correct drafts and radii, in particular in the vent
d. Choice of the elements for the finite element mesh, fineness vs. the calculation time

Blanket approaches, for example for the E-module, are not permitted here and lead to demands that cannot be observed, are difficult to observe and can only be observed by accepting various compromises.

The relevant literature and DIN 1691 "Grey cast irons" show here the margins by which the variation in the natural frequency extends far beyond the +-3% tolerance range.

Table A.1 – Mechanical properties in cast test specimens with an unfinished casting diameter of 30 mm

Characteristic	Formula symbols	SI-unit	Material designation [a]					References
			EN-GJL-150 (5.1200)	EN-GJL-200 (5.1300)	EN-GJL-250 (5.1301)	EN-GJL-300 (5.1302)	EN-GJL-350 (5.1303)	
			Matrix					
			ferritic/ pearlitic					—
Tensile strength	R_m	MPa	150 to 250	200 to 300	250 to 350	300 to 400	350 to 450	
0.1% yield point	$R_{p0.1}$	MPa	98 to 165	130 to 195	165 to 228	195 to 280	228 to 285	[6]
Elongation	A	%	0.8 to 0.3	0.8 to 0.3	0.8 to 0.3	0.8 to 0.3	0.8 to 0.3	[7]
Compressive strength		MPa	3.40 x R_m	3.18 x R_m	3.01 x R_m	2.87 x R_m	2.75 x R_m	[8]
0.1% compression yield point		MPa	195	260	325	390	455	[6]
Bending strength		MPa	1.82 x R_m	1.73 x R_m	1.66 x R_m	1.60 x R_m	1.54 x R_m	[8]
Shear strength		MPa	170	230	290	345	400	[8]
Torsional strength		MPa	1.36 x R_m					[8]
Elasticity module [b]	E	GPa	78 to 103	88 to 113	103 to 118	108 to 137	123 to 143	[9]
Poisson's ratio	ν	—	0.26	0.26	0.26	0.26	0.26	[7]
Bending fatigue strength		MPa	0.46 x R_m					[8]
Tensile and compressive fatigue strength		MPa	0.34 x R_m					[8]
Torsional fatigue strength		MPa	0.38 x R_m					[8]
Fracture toughness	K_{Ic}	MPa · $m^{1/2}$	12	17	20	19	17	[10]

NOTE 1 MPa corresponds to 1 N/mm².

a EN-GJL-100 (5.1100) is used for special requirements with respect to workability or magnetic properties. The required properties can be achieved through heat treatment that changes the structure. EN-GJL-100 (5.1100) is not listed here.

b Depending on the quantity and form of the graphite as well as on the stress level. The stress-strain curve of cast iron with lamellar graphite is also not linear with small elongations. The elasticity module is therefore defined as the slope of the tangent at the origin of the stress-strain curve.

Fig 13: Excerpt from DIN EN 1561(3)

In addition, this is further complicated by the fact that not every mode is suitable for a control. Often there is a situation where a pot mode M(1/1) is located close to a friction ring mode M(0/3) and the measuring system cannot clearly resolve this. This results in the measurements being bypassed and thus to a distorted representation of the natural frequencies. These situations must be rejected for 100% control in the processing chain.

It is essential that the corresponding modes and in particular their nominal values are jointly defined in order to find an acceptable solution for all parties. Modes should always be selected here that can be clearly recorded and evaluated individually by the measuring system with sufficient amplitude.

5 Solutions

Should the procedure to determine the natural frequency target value of a brake disc be increasingly done on a virtual basis in the future, it is crucial to have a better idea of the basic conditions required for the calculation and also to take them into account.

The following questions need to be answered:

- Dealing with the finite element mesh, mesh fineness etc.
- Dealing with drafts and radii,
- Dealing with the thermal module of a casting,
- Dealing with existing specifications.

A corresponding offset must be determined and taken into account based on the tests if the available calculation times etc. do not permit a refinement of the mesh and for the drafts and radii to be taken into account.

A clustering of the brake discs will be necessary in order to take into account the thermal module of a casting. This means that the corresponding dynamic E-modules for the respective thermal module must be determined and included in the calculation based on the tests and measurements.

An over-determination of the brake disc must be avoided. This means that it is important to consider the weighting of individual requirements in a specification in order to avoid situations where there is no longer any degree of freedom and the "squaring of the circle" is required so to speak because opposing requirements are to be fulfilled.

Only clearly measurable modes must be used in production to control the natural frequencies in order to effectively avoid reject parts.

6 Outlook

The analyses referred to in section 5 must be carried out. Furthermore, it is important to analyze the extent to which the alloying elements influence the above-mentioned correlations.

Of interest also are the damping behavior and it`s metallurgical dependencies.

7 List of references

(1) M. Treimer: Dissertation “Virtualisation of the brake noise development process to ensure a robust start-up quality”. Munich: s.n., 2016

(2) VDA 301: Natural frequency measurement and modal analysis of brake discs during their development. 2009. https://www.vda.de/de/services/Publikationen/vda-301.html

(3) DIN EN 1561 “Founding – grey cast irons”

Opportunities for Braking Technology Due to Additive Manufacturing Through the Example of a Bugatti Brake Caliper

Dipl.-Ing. T. M. Wischeropp, M.Sc. H. Hoch,
Dipl.-Ing. Frank Beckmann, Prof. Dr.-Ing. C. Emmelmann

Fraunhofer-Einrichtung für Additive Produktionstechnik IAP
Hamburg, Germany

1 Summary

The Additive Manufacturing technologies have shown significant growth over the course of the last years. Applications in different key markets demonstrate the level of maturity AM has already reached, but serial-applications in the automobile industry is still limited due to low productivity of the AM processes.

This paper gives an overview of the industrial most relevant AM processes and typical applications of AM in automobile industry. Based on the state of the art and expected technological developments, possible applications of AM for improvements in braking technology are discussed.

2 Overview on Additive Manufacturing (AM)

The market for Additive Manufacturing (AM) has shown a remarkable growth over the last years as it can be seen in Figure 1, due to its versatile advantages over conventional manufacturing processes [3, 14, 23]. This growth figures are expected to continue in the next years. Major applications of AM can be seen in aerospace, automotive, medical as well as tooling and machine building industry [14, 20, 23].

There are many different AM technologies on the market with specific advantages and disadvantages as described in more details in Chapter 2.1. But the general principle of all AM technologies is nevertheless the same: the manufacturing of a part, by successive adding of single layers as shown in Figure 2.

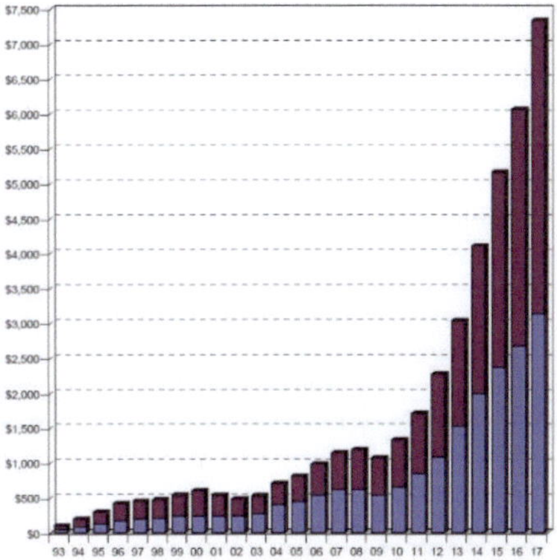

Figure 1: Overall market growth of AM-technologies, segmented into products (blue) and services (burgundy). [23]

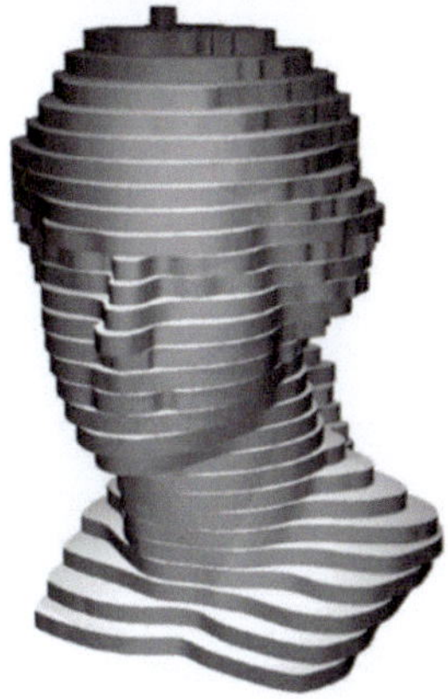

Figure 2: Layer-wise manufacturing principle of AM. [2]

2.1 Overview of different AM technologies and applications

Several AM technologies have been developed in the past years [23]. The most relevant ones for industrial applications are shown in Figure 3. Because of the large variety of different AM processes with their specific advantages and disadvantages it can be difficult to choose the most suitable one for a specific application [8]. *Table 1* can help for a quick selection.

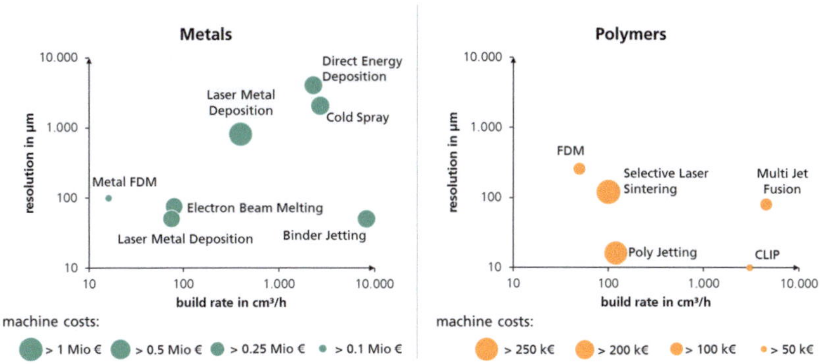

Figure 3: Overview of AM technologies categorized by build rate, resolution and investment costs.

Table 1: Overview of most relevant industrial AM processes with short description.

	Name	Type	Characteristics
Metal	Direct Energy Deposition (DED)	Wire based robot system, electric energy used for melting	Very high deposition rates and low accuracy, suitable for near net shape applications, suitable for repair applications
	Laser Metal Deposition (LMD)	Robot system, powder blown on part and molten by laser	Very high deposition rates and low accuracy, suitable for near net shape applications, suitable for repair applications
	Laser Beam Melting (LBM)	Powder bed based process, material molten by laser	High accuracy, very good mechanical properties
	Electron Beam Melting (EBM)	Powder bed based process, material molten by electron beam	Lower accuracy than LBM, good mechanical properties, especially suitable for high melting alloys
	Metal Fused Deposition Modelling (M-FDM)	Wire based system, metal powder with binder, green-part is densified in secondary process (sintering)	moderate building rates and high accuracy, limited mechanical properties, shrinkage and distortion during sintering
	Binder Jetting (BJ)	Powder bed based process, green-part is densified in secondary process (sintering)	Very high productivity, shrinkage and distortion during sintering, suitable for mass production
Polymer	Fused Deposition Modelling (FDM)	Wire based system, polymer is molten by electric energy	High variety of materials with good mechanical properties, low-cost process
	Selective Laser Sintering (SLS)	Powder bed based process, material molten by laser	No supports necessary, good mechanical properties but limited availability of materials
	Multi Jet Fusion (MJF)	Powder bed based process, binder defines regions that is cured by UV-energy in each layer	No supports necessary, high productivity and level ofdetail, good mechanical properties
	Continuous Liquid Interface Production (CLIP)	Photopolymer is continuously cured by UV-light, while part is drawn up out of resin bath.	Very high building rates and high accuracy, limited mechanical properties

2.2 Opportunities and challenges in AM today

As described in Chapter 2.1., each AM process has specific characteristics. Nevertheless, there are advantages and challenges, each AM process shares to some degree as described in the following. Understanding these advantages and challenges helps to identify profitable applications of AM.

Advantages:

- **Freedom of complexity**: Due to the layer-wise manufacturing principle, AM offers the possibility to manufacture highly complex structures with internal features, undercuts or fine lattice structures, which are very expensive or not at all feasible with other manufacturing technologies [3, 15]. On top of that, the complexity has no significant effect on the costs of the part, which is an important difference to all other manufacturing technologies [3, 14, 22].
- **Tool-less manufacturing**: AM does not require any special tooling. A part can be created 'directly' out of the CAD data and no part-specific investment is necessary [14, 15]. This makes AM flexible and interesting for individualized products, mass customization and low volume production [3, 8].
- **Low material waste:** AM produces a low amount of material waste (usually <5%), since the material is only applied where necessary or can be reused (true for most AM processes) [3, 15].
- **Digital process:** The digital nature of the AM makes it flexible and easy to automatize [15]. Although it has to be mentioned that today the potential for automatization has not been exploited until today (see challenges → low degree of industrialization) [19].

Challenges

- **Low productivity / high part costs:** The productivity of most AM processes is (still) comparable low. Since the most significant cost-driver in AM is the machine-hour rate, high part costs are the result [15, 22, 22]. A significant increase in productivity (and hence cost reduction) is expected to come from new machine concepts and AM processes, such as binder jetting [14, 23].
- **Low surface quality / post-processing:** For most AM parts, a post processing is necessary as a result of the limited surface quality, the necessary removal of support structures or non-optimal microstructure (that can be altered by heat treatment) [15, 20]. In specific cases, these efforts can result in post-processing costs that are significantly higher than the costs for the AM process [14].
- **Quality assurance:** Although, good mechanical properties are feasible with AM, assuring them is quite a challenge and can be cost intensive [15, 20, 22]. For safety critical parts, μCT investigations and test of witness specimen are typical quality assurance steps among others.

- **Low degree of industrialization:** Today, AM machines are not fully automated and integrated into conventional manufacturing process chains. This results in a significant amount of manual work that is necessary to operate them [3, 14].

2.3 Current applications of AM in automobile industry

The current application of AM in automobile industry can be categorized into five areas as demonstrated in following Figure 4.

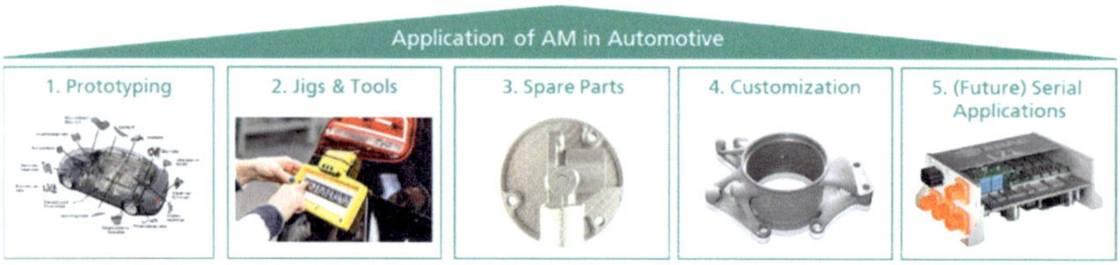

Figure 4: Categorization of AM application in automobile industry.

Prototyping

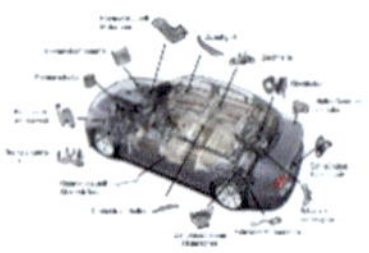

One application of AM that is ongoing for several years is the production of prototypes in the development phase of a car. This can be parts for visual or fit-tests as well as parts for testing. Due to the fact, that no special tooling is required and part can be manufactured out of the 3D-CAD file, AM offers cost and time advantages in many cases. One challenge for testing purposes is that the AM part might have different properties as those manufacturing in conventional processes [2, 17].

Jigs & Tools

For manufacturing purposes, customized jigs & tools are usually expensive to manufacture. AM offers great possibilities to customized those for low costs and on demand if necessary. The picture on the left shows a jig that is produced by AM and is used for labeling a Volkswagen [2, 7].

Spare Parts

Especially for old-timer or special cars, the supply for spare parts is limited. Additive Manufacturing offers great opportunities to produce low cost spare parts by reverse engineering. One example demonstrated on the left is the production of a cold start relief valve for a Mercedes-Benz SL Pagode [5].

Customization

For individualized parts or parts that are produced only a few times and that have high demands in terms of functionality and weight (e.g. for race cars or tuning), AM offers great opportunities, due to the ability to produce complex parts in low quantities with improved functionalities. On the left an lightweight optimized axle-pivot (knuckle) for a formula student car is shown [9]. Another example is customized design-features that are offered by the car company MINI [11].

(Future) Serial Applications

Significant efforts are being made to use AM for serial production of automobile parts. But the limited process speed (output) as well as cost disadvantages of AM for high quantities are hindering a mass production in the automobile industry until now. New AM processes and improvements in current processes are expected to change this in the upcoming years [16]. On the left a hybrid cooling device for a control unit of an electric car is shown [18]. Other examples that are investigated are heat exchangers or lightweight structural parts [6].

3 (Possible) applications of AM in braking technology

The authors see applications of AM for breaking technology in categories 1, 4 and 5 (see Figure 4):

- Increase performance by utilization of the design freedom of AM, e.g. by weight saving or optimization of functionalities (category 4 and 5)
- Improvement of performance by new material concepts (category 4 and 5)
- Manufacturing of customized parts or prototypes (category 1 and 4)

3.1 Performance improvement by design-freedom

As mentioned in Chapter 2.2, freedom of design is one of the advantages of AM. Due to the fact that almost any shape can be manufactured and that the part-complexity does not have a significant effect on the manufacturing costs, bionic design principles can be applied to achieve new weight saving potentials (usually between 30 % to 50 %). But the benefits of the design-freedom are not limited to weight saving, since they can be applied to implement or improve functionalities of a part. An example for this could be the implementation of cooling structures or flow-optimized fluid channels to increase the performance of a brake (see Figure 5). AM also offers possibilities to integrate sensors or electric functions inside a part. Among other things, this could be utilized to measure performance-data such as forces during operation. These data could be used for an optimized control of the brake, to measure the wear or to improve its next version.

Figure 5: Prototype of a high performance metal brake disc manufactured by AM [1]

3.2 Performance improvement by new material concepts

Due to extensive R&D activities, the range of processable materials for different AM technologies has significantly increased. While in the early days, most researchers tried to process materials that are well-known from other manufacturing processes, more and more effort is put into the development of special material-concepts for AM. This also offers opportunities for braking technology, since AM can process materials with unique properties which are difficult or not at all feasible with other manufacturing processes.

Examples for this among others are high-strength steels, titan-aluminides, metallic glasses (amorphous metals) or high-strength aluminium alloys such as Scalmalloy® [1, 12]. To obtain the good mechanical properties of Scalmalloy®, high cooling rates of several 1000 K/s are necessary to dissolve the ceramic Al_3-Sc phase in the aluminium. Such high cooling rates are very difficult to obtain in e.g. casting, but are inherent for the LBM process. Even higher cooling rates (>> 100.000 K/s in most cases) are necessary to process metallic glasses. This amorphous state of a metal is obtained when the solidification happens faster than the formation of crystalline structures happen. Metallic glasses have unique mechanical, electrical and magnetic properties, which are more typical for ceramics, but with significantly higher thermal conductivity. AM processes also have good conditions for the processing of materials with (nano-)particles, since a deagglomeration as in e.g. casting does not happen. The particles can be used to improve the mechanical, thermal, electric or magnetic properties [13]. Additionally, AM can be used to manufacture multi-material parts [4]. This is beneficial, when different material properties are favorable in distinct areas of a part. For e.g. a brake disc, high strength steel and copper could be combined to implement good wear resistance and heat conduction within one part.

3.3 Rapid manufacturing of prototypes and special parts

Compared to conventional manufacturing technologies in AM there is no need for special tooling or programming to manufacture a part. This offers great advantages in terms of cost and lead-time reduction when only a small amount of parts are needed. Therefore, AM can be used to manufacture prototypes for demonstration or test purposes as well as to manufacture special (customized) parts. Luxury, VIP- and sports cars have different requirements for brakes and therefore require manufacturing of low quantities of these brakes.

For the manufacturing of prototypes one has to keep in mind that the material properties of an AM manufactured component might be different from a conventionally manufactured one, since the surface properties and/or microstructure can differ. Usually the AM processed material shows an increased surface roughness, higher strength and hardness as well as lower ductility – all can be altered by post-processing (e.g. heat treatment, shot peening and many more). Additional R&D efforts might be necessary to develop a post-processing strategy to obtain the same material properties as for the manufacturing process of the serial production.

4 Example of a Bugatti Chiron brake caliper

In a joint project of Bugatti Automobiles S.A.S. and the Fraunhofer IAPT the potential AM offers for braking technology was exemplarily demonstrated for a brake caliper for the Bugatti Chiron. The goal of the project was to demonstrate the benefits AM could offer in terms of weight saving and functional integration [21].

The brakes of the Chiron are the most powerful serial brakes in the world and therefore have high demands in terms of performance and (at the same time) low weight. The conventional design of the caliper is made out of a forged high-strength aluminium block and has a weight of approximately 4.9 kg. For the new design of the eight-piston monoblock caliper, the designers decided to change the material to TiAl6V4 because of its better strength to weight ratio. By topology optimization as well as bionically inspired design principles, a weight-reduction of over 40% was achieved. Additionally, the channels for the brake fluid were integrated into to part to simplify the assembly. The design can only be manufactured by AM and the first caliper printed was end of 2017 on an SLM 500HL machine and up to now it is the world's largest functional component produced from titanium using a 3D printing process [10, 21].

It is planned to have the brake caliper trialed for series production this year.

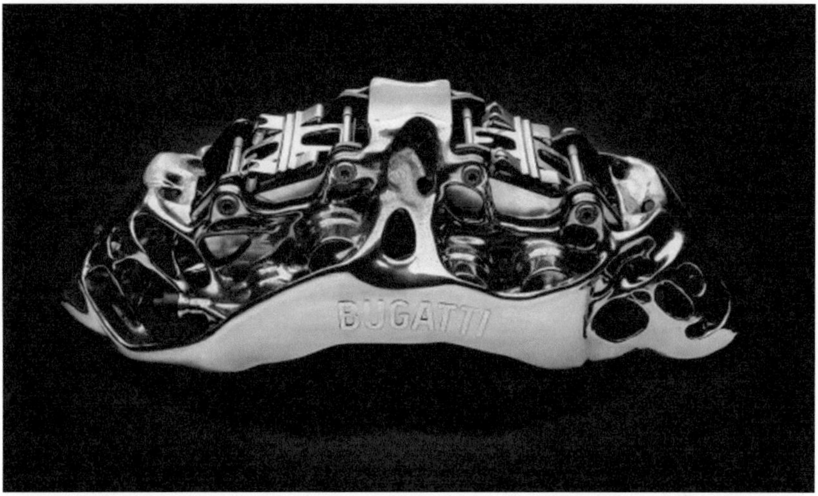

Figure 6: Bionically inspired design for the brake caliper of the Bugatti Chiron. (Source: 2018 Bugatti Automobiles S.A.S. [20])

5 Bibliography

[1] Awd, M., Tenkamp, J., Hirtler, M., Siddique, S., Bambach, M., and Walther, F. 2017. Comparison of Microstructure and Mechanical Properties of Scalmalloy® Produced by Selective Laser Melting and Laser Metal Deposition. *Materials (Basel, Switzerland)* 11, 1.

[2] Beckmann, F. 2018. Medienhype oder industrielle Revolution? – Status und Potenziale des 3D-Drucks im Automobilbau. Hamburger Karrosseriebautage.

[3] Brandt, M., Ed. 2016. *Laser additive manufacturing. Materials, design, technologies, and applications / edited by Milan Brandt*. Woodhead Publishing series in electronic and optical materials 88. Woodhead Publishing, Oxford.

[4] Chivel, Y. 2016. New Approach to Multi-material Processing in Selective Laser Melting. *Physics Procedia* 83, 891–898.

[5] Emmelmann, C. 2018. *Bionik als Wegweise für die Additive Fertigung. Kick-off-Konferenz 3D-Druck-Netzwerk Hamburg*. https://www.hk24.de/blob/hhihk24/produktmarken/branchen-cluster-netzwerke/netzwerke/industrie-umwelt/druck-3d-hamburg/3990242/0713e50d9fa6f715d6b7b437d1fcd814/Vortrag-Prof--Emmelmann-data.pdf. Accessed 9 August 2018.

[6] EOS GmbH. 2018. *Industrieanwendungen – Additive Fertigung in der Industrie*. https://www.eos.info/branchen_maerkte/industrie/weitere_industrieanwendungen. Accessed 9 August 2018.

[7] Farish, M. 2018. *From prototype to production – Automotive Manufacturing Solutions*. https://automotivemanufacturingsolutions.com/technology/from-prototype-to-production. Accessed 23 August 2018.

[8] Gebhardt, A. 2013. *Additive Manufacturing*. Hanser, München.

[9] Jensen, W. 2015. *EOS supports racing team with additive manufacturing. Automotive: Formula Student Germany – EOS supports racing team by producing a topology-optimized steering stub axle*. https://www.eos.info/press/customer_case_studies/rennteam_uni_stuttgart. Accessed 9 August 2018.

[10] Klein, C. *Titan-Teil: Bugatti bringt Bremssattel aus dem 3D-Drucker*. https://www.automobil-produktion.de/technik-produktion/produktionstechnik/titan-teil-bugatti-bringt-bremssattel-aus-dem-3d-drucker-120.html. Accessed 23 August 2018.

[11] Krämer, A. 2017. *MINI Yours Customised – Mit 3D-Druck den MINI personalisieren*. https://www.3d-grenzenlos.de/magazin/zukunft-visionen/mini-yours-customised-auto-personalisieren-27338973/. Accessed 23 August 2018.

[12] Loeber, L. Biamino, S., Ackelid, U., Sabbadini, S., Epicoco, P., Fino, P., Eckert, J. 2011. Comparison of Selective Laser and Electron Beam Melted Titanium Aluminides. SFF Symposium.

[13] Materials Today. 2017. *New technique allows 3D printing of high-strength alloys*. https://www.materialstoday.com/additive-manufacturing/news/new-technique-3d-printing-of-highstrength-alloys/. Accessed 19 August 2018.

[14] RolandBerger, Ed. 2016. *Additive Manufacturing – next generation. Study* 2016.

[15] Schmidt, T. 2016. *Potentialbewertung generativer Fertigungsverfahren für Leichtbauteile*. Springer Berlin Heidelberg, Berlin, Heidelberg.

[16] Sher, D. 2017. *Mass Customized, Automotive 3D Printing Production Is Coming in 2018* -. https://www.3dprintingmedia.network/automotive-3d-printing-production-coming-2018/. Accessed 9 August 2018.

[17] Skrynecki, N. 2010. *Kundenorientierte Optimierung des generativen Strahlschmelzprozesses*. Berichte aus der Fertigungstechnik. Shaker, Aachen.

[18] Spiegel, A., Hillebrecht, M., Emmelmann, C., and Beckmann, F. Wege zum wirtschaftlichen Einsatz der laseradditiven Fertigung. Hybrides Leistungselektronikgehäuse. Lightweight Design, 05/2015.

[19] UPS. 2017. Smarter Operations: The Value Chain's Vital Role in Digital Evolution.

[20] VDI. 2014. Statusreport. Additive Fertigungsverfahren 2014.

[21] Waschbusch, L. M. 2018. *Bugatti entwickelt 3-D-Titan-Bremssattel*. https://www.automobil-industrie.vogel.de/bugatti-entwickelt-3-d-titan-bremssattel-a-679069/. Accessed 27 March 2018.

[22] Wohlers, T. 2017. *Wohlers Report 2017. 3D Printing and Additive Manufacturing State of the Industry*. Fort Collins: Wohlers Associates.

[23] Wohlers, T. 2018. *Wohlers Report. 3D printing and additive manufacturing state of the industry*. WOHLERS ASSOCIATES, FORT COLLINS.

MIX
Papier aus verantwortungsvollen Quellen
Paper from responsible sources
FSC® C105338

If you have any concerns about our products,
you can contact us on
ProductSafety@springernature.com

In case Publisher is established outside the EU,
the EU authorized representative is:
Springer Nature Customer Service Center GmbH
Europaplatz 3, 69115 Heidelberg, Germany

Printed by Libri Plureos GmbH
in Hamburg, Germany